U0189702

逆龄养颜术

我最想要的美肌能量书

Middle Age Beauty

[美]梅切尔·沙尔 著 覃娟 译

Machel Shull

北京联合出版公司
Beijing United Publishing Co.,Ltd.

致亲爱的读者

本书中我将与你分享的话题是：净化内在心灵比去美容院注射肉毒杆菌更重要。话题展开之前，我想告诉你们，我完全理解大家希望自己外貌更年轻的心理。事实上，在我迈入中年门槛时，内心也曾担惊受怕，不知所措。但是我仍然不赞同“一个40岁的单身女人，遭受恐怖袭击的概率都比结婚大”这种说法。

你一定听过俚语“美洲豹”。当某位女性与比她年纪小的男人交往时，人们往往戏谑地将她比喻成这种四条腿的猎食者。你一定也看过电视上的真人秀是怎样形容女人的：爱吵架、爱生气、天生好斗、对友谊虚情假意等，女人的标准形象似乎就是一边啜饮红酒一边咧着丰满的嘴唇傻笑。电视广告更是在利益驱使下不停夸大事实，他们大肆鼓吹，年过40后，女人的眼睫毛很快会掉光，整个人缺少精神，看起来毫无活力。他们会说，是时候做一个“下巴提拉术”了！还有那些无处不在的坊间八卦，议论着那些曾经风光无限的女明星们怎样因为美人迟暮而风光不再。

相信电视剧《欲望都市》你们都一集不落地看过，四个单身主角的名字也一定了如指掌。这些女主人公每个周末都聚在一起享用早午餐，讨论如何步步为营地度过中年生活。那情景总是透出这样一种信息：这些编剧虚构出来的单身女青年因为年纪大，就必须天天处于战斗模式生活。概括起来，这个故事基本上就是围绕单身大龄女青年惺惺相惜的友谊展开，主人公随着时间流逝，时不时和闺密们互相抱团取暖。

说实话，我也没有立场批判这些人物，自己40岁生日即将来临的那个月我都轻度抑郁了。也许以上因素在潜意识里增加了我对年龄增长的不安。生日那周，我感觉自己简直不再是新时代的女性，一切仿佛都已经成为过去式。于是我打电话给妈妈，向她倾诉我对又增长一岁、步入“奔五”这个年龄段的不安。那种感觉就像心头压了一块巨大的石头，让人感到窒息和茫然。自己成为“过去式”的感觉真的很糟。后来和其他人交流后，我才明白这种感受很普遍，只不过我们许多人总是选择默默吸收这种不良情绪。

现在，我迫不及待和你分享生命中最出乎意料的事情。猜猜我40岁生日那天发生了什么？我开开心心地从睡梦中醒来了！生活继续。事实证明，那是我人生中过得最好的一年。我的健康、美丽和平和的心态在那年第一次奏响了和谐乐章。那是一种奇妙的感觉，就像有个神秘之地，从来只是有所耳闻，而这一天我终于亲自到达。我问自己：“40岁就是这样吗？这用得着担惊受怕吗？其实是块福地啊！”

但是达到这种境界对我来说绝非易事。我还在模特界打拼时，不到20岁就感到了力不从心，后来转行到演艺界。这个圈子当中，普通女演员到了30岁也会因为年龄问题慢慢跌落到半红不紫的状态。所以，你可以想象，步入中年对于我来说是何种煎熬。

而现在，我俨然已经成为过来人。回过头来想想那些无端为年龄增长而苦恼的日子，心中百感交集。当时我为什么会相信那些传言？为什么不走自己的路呢？幸而在20岁之后的这些年里我找到了美丽和年龄的平衡点，破解了美丽密码，发现了能让女人在岁月的流逝中依然容光焕发的秘诀。我早年跟随禅宗大师工作，后来又有幸在洛杉矶走上平面模特的职业道路。多样化的背景使我获益良多，正因如此，我才能够总结出“美丽三合一”的美容理念。在本书对“美丽三合一”进行阐述时，我也会与你们分享我自己的心得体会，以及在步入人生下半场的过程中经历过的挣扎与彷徨。我会与你们探讨如何战胜挫折，如何使自己生活得更有意义、更加清醒自知。

你完全不必理会“过去式困境”的说法，那是社会舆论强加在女人身上的枷锁。周边环境也许会影响你的心境，因为整容广告成天鼓吹岁月流逝、佳人易老，同龄朋友圈有时也会消极情绪密布。这也许会让你觉得自己真的慢慢变老，魅力不再了。但是请相信，本书会像一股清泉滋润你的心田，让你的心灵找到宁静之地，并教会你如何用简单的美容秘诀来拥抱——猜猜拥抱什么？

真实的自我。

感谢你们与我一路同行。

梅切尔·沙尔

前　言

我 15 岁读高二时，学校要求参加兴趣班。于是父母替我报名参加了模特培训，因为那年排球队选拔队员时我落选了。在这之前我整整打了四年排球，可是球队换了新教练之后，我忽然就没有立足之地了。如果你对高中生活略知一二的话，一定知道这件事对我的打击有多大。然而当时，我无论如何也不会想到，这个小插曲会使我踏上一条完全不同的人生道路。

我的人生轨迹改变了。当同龄的闺密们还在学校参加团体活动，练习拉拉队动作时，我已经是豪马公司的签约模特，每天自己开车去堪萨斯城上班。我不再花时间去美容院晒日光浴，而是穿上长裤把我白皙的大腿遮起来。我告别了浓妆艳抹，开始化一些清新自然的淡妆。这些细节为我的健康和美丽奠定了坚实的基础，使我在之后十五年的模特和演员生涯中受益匪浅。

模特圈子竞争激烈，在这里成长的过程中，我学到了很多重要的时尚准则、锻炼方法以及保养技巧。尽管如今我已经 41 岁，但这些做模特时学到的秘诀我仍然在坚持使用。也许会有人告诉你这些秘诀根本是无稽之谈，也许你自己听到之后也会觉得难以置信。但是这样告诉你的人不是整容医师，就是美容机构的工作人员，再或者是一些别有用心的人。他们无非是想让你认为追求自然美已经过时了。然而，理性节约、感悟心灵、保持健康的身体和姣好的面容永远都不会过时。这是一本让人接受真实自我的读物。它表达了一种追求，让我们在专注于健康的体魄、追求肌肤自然之美的同时，能够与灵魂进行深度交流。

我会在书中分享一些比较实惠的美容技巧。如果你不是模特，也没有知晓这些窍门的朋友的话，千万不要错过。在讨论健康的章节，我会给出一些令我自身受益匪浅的建议，其中会包括一个瘦身效果显著的节食妙方，这个妙方曾经登上过《菲尔医生》脱口秀和《医者》节目。它不是简单的风尚减肥餐，而是一种更加注重健康的“生活方式”。本书会帮你为日常生活设立重要的行为标准，帮助你和朋友们享受更多心灵平静、生活充实的时刻。

我需要做三件事：揭穿一个“弥天大谎”，重新解读我们的“脸”，然后再传授给你们一些为生活带来欢乐的小秘诀。

本书的第一部分是我多年模特以及演艺生涯中总结的护肤技巧，希望能给爱美的女性朋友一些帮助。这部分中我会向你们介绍一些不到20美元的美容产品。还会从科学的角度告诉你，为什么我的美容方法会有这样的功效。第二部分将从总体出发，告诉你一些简单的方法。让你既能践行行之有效的节食计划，同时又能保持身体健康。与此同时，为了让你年轻的状态更持久，我会要求你放弃一些东西，千万别被吓到。这将是一场惯常生活方式与健康的角逐。

本书第三部分的内容是重中之重——心灵。心灵是美丽三合一方程式最关键的组成部分，它是否得到了足够的给养？在这部分我将告诉你几个简单却行之有效的方法，让你通过回顾日常生活来放松身心，通过调整支配时间的方式使生活更加有条理，相信你一定会有所启发。然后再与你分享一些著名的电影角色，激励你去攀登梦想的高峰。

“美丽三合一”这个概念由美丽、健康和心灵三个部分共同组成。它影响着我们对自我价值的判定以及对年龄的感受，它能阻止我们为了除皱而向身体注射各种毒素。

我还将荣幸地与你们分享一些访谈内容。这些访谈对象都是健康、美容以及心理学领域的顶级专家。这些内容将为你建立自己的美丽方程式提供重要帮助。访谈中的专家包括：

帕特里夏·布拉戈医生：美国健康改革第一人之女。医生、激励演讲导师、企业家。

美千子·罗里克女士：第一位移民美国的禅宗大师的曾孙女。作家、洛杉矶禅宗冥想导师。

马克·莫雷诺医生：《纽约时报》畅销书《17 天减肥法》的作者。他在书中讲述了保持健康的关键方法。

苔丝·海托华医生：来自比弗利山庄的心理医生、作家。由于在恋爱关系领域的出色建树，她曾受邀参加过许多电视节目。她会告诉你女人无须隐瞒年龄的原因。

罗素·J. 瑞塔尔：医生、教师。瑞塔尔医生是神经科学领域的专家，他在采访中发表了十分有见地的见解，为我们介绍了一种可以有效抵抗老化的天然激素。

劳伦·安托努奇：营养学家、健康专家。帮助指导患者进行更健康的生活选择。

金·凯利：来自南加州的顺势疗法[1]医生。她认为以健康为目的的皮下注射是可行的。

安东尼·F.史密斯博士：领导力研究学会联合创始人、常务董事，领导力领域畅销作家、教授。他对女人的优秀领导力有着深刻见解。另外，他还认为女人无论在工作和生活中都是天生的领导者。

美国诗人路易斯·罗根写过一首诗，她在诗中精准地描述了新千年之际，我们广大女性所面临的难题：

我无法相信神秘的宇宙在围绕着痛苦运转。我知道，世界的奇特之美的确存在，就建立在纯粹的欢乐之上。

当你想要形容相貌平平的女子优雅从容地来到我们身边，请记得这句话。世界尽在我们之手，当我们以全新的态度，满怀好奇和激动地迎接中年到来的时候，美丽就会从我们的诚实之中散发出来。请与我一起踏上旅程吧！共同去探索心灵深处的秘密，保持身体健康，并带着尊严优雅地散发出年轻之美！

[1] 顺势疗法是替代医学的一种。顺势疗法的理论基础是“同样的制剂治疗同类疾病”，意思是为了治疗某种疾病，需要使用一种能够在健康人中产生相同症状的药剂。

目 录

CONTENTS

三个“不”

美丽女人最好命

多吃少动好身材

创造逆龄奇迹

三个“不”

>> P A R T 1 <<

我一直在模仿别人，但是现在我意识到，自己原本可以更有特色。

不隐瞒年龄，因为真实所以震撼

去年圣诞节初，我在克罗斯比参加了一个派对，举办地点是一个封闭式的富人社区。其实举办地点并不重要，我之所以这么说只是帮你想象一下当时的场面。我走进派对时，光洁的大理石地板上方是华丽的水晶吊灯，场地中来回穿梭的女士们各个身着紧身晚礼服，脚踩着细跟高跟鞋从我身边走过。我在流光溢彩的场景里缓步前行，耳边满满都是圣诞节的问候。

我是报纸的专栏作者，写作主题就是社交派对，因此时常受邀参加兰乔圣菲社区举办的奢华派对。在这种场合出入对我来说就像是香槟酒里的泡沫一样自然。这时，一位姿态优雅、散发出成熟魅力的女士走向我，我们愉快地攀谈起来。

“你今晚看起来真漂亮，梅切尔。”艾伦夸赞我。（此处用化名）

“谢谢，艾伦。你也很漂亮。”这可不是客套话，艾伦确实是一个美丽的女人。她身材苗条、面容精致、气质优雅，很有好莱坞老牌女星莎莎·嘉宝的风范。

“你的皮肤真好。”

“谢谢。”我回答道。我的皮肤的确是我骄傲的地方。我不是那种身材纤细同时挺着人造胸的人。好基因再加上一些自己的小秘方，我把皮肤保护得很好，让自己看上去比实际年龄要年轻。

“你是不是做了？”艾伦问我。

“做什么了？”我有点不好意思。

“你都整过哪里？”艾伦又问。

“说实话，我没有整过脸上的任何部位。就是用了一些老生常谈，但是又挺有效果的小妙招。我只是简单保养了一下。”

“哦，不管你用了什么方法，效果相当不错，亲爱的。”

“谢谢你，艾伦。”艾伦一向真诚，我一直喜欢她这点，“谢谢你的夸奖。我都 41 岁了，觉得自然点儿挺好。”

“噢，亲爱的，永远都别告诉别人你的真实年龄。根本没必要。”她努起漂亮的红唇，用一种高人一等的语气告诉我。我知道她并非有意冒犯，只是想以过来人的身份教我如何应对大龄女士的世界。

但是那句话就那么自然而然地冒了出来。我并不想显得怒火中烧，只是语气里还是夹带了一丝愠怒。我当时带着一丝骄傲对她说：“艾伦，我辛辛苦苦保养自己，并不是为了隐瞒年龄。花费精力维持容貌并不等同于对年龄保密，我并不在乎别人怎么想。”天哪，你听到了吗？刚刚跨越 40 岁大关的我能说出这番话简直是巨大的进步！其实，舆论环境影响之下，有这样的想法也难以避免。看看那些拉提斯广告片，内容无一例外，统统在描述 40 岁女人的面容是多么憔悴。所以不能怪艾伦纠正我，向我灌输整个社会对于年龄的“观念”。但是我对自己的年龄持有一种积极态度。如果有人问，我就实话实说。既不会四舍五入，也不会用一种狡猾的方式回答——我 39 岁左右。我就是要把真相狠狠地砸在他们脸上，你也应该试试。把真实年龄说出来是一种解脱。诚实难道也有错吗？听到你诚实的回答后，大部分人脸上都会露出一种难以言喻的错愕表情。

所以我的第一个“不”要告诉你不必隐瞒年龄。如果你谎报或者隐瞒年龄，最好问问自己为什么。认可这种谎言比撒谎本身更可怕，不是吗？当然我也清楚，女人有时候都爱撒点无伤大雅的小谎。

在自己的同龄人、朋友圈甚至整个社会看来，衰老都是一件极其严重的事情。以我个人的经历来看，我也曾被告诫过随着年龄增长终有一天美丽会消逝。也许你会想，为何在这种极具伤害性的观念困扰下，我们不能允许自己撒一点儿小谎呢？

事实上，正因如此，我们女人才应该团结起来，共同改变这种世俗观念。我提议，大家一起来改变这种荒谬的想法。如果我们自己的思想都被强行灌输的观念所绑架，认为年龄增长会有损魅力，降低自我价值，那么如何教育自己的子女？如何教育未来的子孙后代？（如果你年过 40 并且从不隐瞒自己的年龄，那么可以跳过这个“不”的内容去读下一章。本章的内容不适合你。）

派对结束后，我回到家，换上舒适的粉色法兰绒睡衣。然后打开电脑，开始做调查。这项工作很重要，但又不至于太过烦琐或者会令我失眠。其实就是上“脸书”之类的社交网站逛逛。根据对同龄圈子的调查，我发现时下女性有一个共同爱好：隐瞒出生年份。月份日期倒是齐备，但具体是哪年生人，对不起，没有。我赶紧去看看自己是不是这其中的一员——果然，主页上生日那一栏显示，2 月 22 日。我马上进行了修改。

我再也不属于那种年龄不详的女性圈了，也不会害怕日渐增长的年纪。

参加完兰乔圣菲奢华的派对之后，我彻底地消除了对年龄增长的不安，甚至还在脸书主页上填写了详细的出生年月日。当然，这算不上人生中的一个大成就。但是正如格雷戈·布兰登在他的《解读末日预言》一书中，尝试为新千年寻找未来一样，我也想用这本书改变女性同胞们的想法。我想告诉她们：我们应当接受真实的自我，对于妄图把女性变成千篇一律的洋娃娃的社会风气，我们根本不必如此介怀。

在经历了这件事后，我希望可以进行更深度的挖掘，从专家那里了解究竟一个无伤大雅的年龄谎言是如何对我们造成长期、不可逆转的伤害的。于是第二天我就开始在电话簿里翻找。我仔细思索着，“年龄谎言会对女性自尊造成哪些伤害”这种问题应该向谁请教。接着我想到了苔丝·海托华医生。从我二十几岁起，她就一直是我的心理医生。

我知道你在想什么，年纪轻轻就有心理问题这种事的确不值得炫耀。但我依然为年轻的自己感到骄傲，至少那时的我足够聪明，知道在最无助的时候寻求帮助。正如你们所知，像许多好莱坞女演员一样，我也有一个表演教练，名叫约翰·科尔比。在我二十几岁的人生关键期，我曾经急需帮助，就在这时，科尔比教练把苔丝·海托华医生介绍给我，对此我至今心存感激。

有一点我必须声明，学习表演是模特生涯送给我最好的礼物。从本质上讲，表演就是对某部电影、话剧或者某个场景中你所扮演的角色进行研究，要演好自己的戏份，你就必须了解自己扮演的角色，这就需要充分调动想象力和各种情绪。得益于此，当人生中遇到起起伏伏的时候，我不会对自己的不良情绪产生恐惧，也不会用药物来麻痹自己，而是很坦然地接受现实。表演课程教会我如何探索自己的情感，使我的内心奏响了和谐乐章。所以，当约翰·科尔比跟我说："你应该见见我的好朋友苔丝，你肯定会喜欢她的。"我听从了他的建议。

我在密苏里州欧扎克山区的农场中长大，经历与电影《贝弗利山人》的主人公艾丽·梅·克莱姆皮特相差无几。那个时候的我并不熟悉心理治疗这个概念，更别提将其作为一件"正常"的事情欣然接受。除非自己疯了，否则哪个正常人会去看心理医生？但是，我很信任约翰·科尔比，因为一直以来他的建议总是对我的成长和发展大有裨益。所以我强忍着心中的不安，压下一切思绪，来到苔丝门前，走进了她的办公室。

见到苔丝的第一眼，我就震惊了。首先，苔丝非常漂亮。在脑海中想象一下格蕾丝·凯丽[1]戴着眼镜，穿着量身定做的优雅衣服，苔丝就是这个形象。对当时的我来说，苔丝医生是我见过最真实同时又最超越现实的女人。她鼓励我探寻自己的内心并对内在的恐惧感进行剖析，使我明白自己突如其来的失落感是由自身思维的局限性引起的。即使拥有美丽的容貌，但如果无法从内心深处感到满足，那么，任何方法都不能帮你找回自信。之所以详细介绍苔丝医生，是因为正是她帮助我踏上了探寻美丽的旅程。

这些年来，我经常会和苔丝医生见面聊天，寻求支持，而她总是会就我本身和人际关系方面给予深刻的见解。在她的帮助下，我战胜了不安，重新建立了思维模式，发现了内心深处真正的自己。原来我仍然明白什么才是自己想要的生活，也知道怎样才能成为理想中的自己。

[1] 美国著名电影女明星，奥斯卡影后、摩纳哥王妃。

时间流逝，但我和苔丝医生的联络却从未间断。当我向她请教有关隐瞒年龄带来的危害时，苔丝医生马上分享了一些自己的故事。这些故事让我更加确信，女性朋友应当像60年代末兴起的女权运动[1]那样发起一场革命。女权运动呼吁女性把50多岁时戴着围裙烹制煎饼的形象抛在脑后，而我则想让女性同胞们向那些高高的舆论山峰大声宣告自己真正的年龄。因此，我需要向更多有经验的人请教诚实面对真实年龄的重要性。

隐瞒真实年龄的危害

问：当女性向他人谎报年龄时，会对她本人的心理状态产生什么样的影响？

苔丝：女性朋友往往难以意识到，谎报年龄本质上是在对自己撒谎。我在洛杉矶（贝弗利山庄）生活了62年，这种情况见得太多了。整个社会存在着一种压力，一种对衰老的抗拒。我参加过几场葬礼，葬礼上的死者静静地躺在棺木中，妆容打扮都非常精致，看上去仿佛依然健在。美丽的女人一生要经历两次死亡——一次是容颜逝去，另一次才是真正的死亡。

[1] 1968年“美国小姐”典礼现场，声称“胸罩是罪恶发明”的女权主义者杰蔓·可瑞尔带着一群拥趸冲进会场，她们垒起一个“自由的垃圾筒”，把胸罩、高跟鞋、假睫毛、卷发棒、丝袜、时尚杂志等一大堆象征女性遭受压迫的物件扔了进去，准备点把火烧掉。

问：作为心理健康方面的专家与权威，您认为心理健康与衰老之间是否存在比较强的关联性？如果一个人既不注重探索内在心灵，也不挖掘自己的性格亮点，您是否认为这种浑浑噩噩的心理状态最终会加速衰老？

苔丝：在大多数情况下，无论是男人还是女人，只要生活状态充实，做着自己热爱或者有意义的事情，他们就会把衰老这件事看得很淡，因为这些人都忙着活出自己的精彩。这群人往往非常重视内在修炼，与此相反，如果你只注重外在美，那么，当这部分随着年岁的增长而消逝时，你就陷入了困境。因此，如果比起做人本身你更加注重外表，这的确会加速衰老，甚至会造成心理问题。

问：您认为苦恼会导致衰老吗？

苔丝：当然会！在所有影响衰老的因素中，这一点是最严重的。也许你认为美貌是自己唯一的王牌，但是总会有比你更漂亮，个子更高，身材更好，肤色更健康，甚至更年轻的人出现！如果你现在 50 岁，偏偏想变成 30 岁的样子，那么我猜这种想法会让你自己苦恼万分。我们应当把眼光放开阔一些，跳出自身的局限，多为他人着想（比如做志愿者工作），这样的话可以让你在不知不觉中年轻许多，身心自然舒畅。

问：您认为中年时期是否美好？为什么？

苔丝：特别美好！今年夏天我就64岁了，但是每天照镜子的时候依然心情很愉快。我人生中最快乐的时光就是50岁以后的日子。从那时起，我的状态前所未有的好，不论是皮肤状态、事业方面的心态还是自我认知都达到了人生中的最佳水平。当然了，我的脸上多了一些皱纹，体重增加了几磅。不过，在我先生眼里我可是个美人！所以，也许找到对的另一半是关键吧！

问：能与我们分享一些年龄增长方面的亲身经历吗？比较有启发性的小故事之类的？

苔丝：几年前，大概是55岁的时候，我去做例行的健康检查，你也知道，这是人到了一定年纪以后不愿意坚持但又不得不做的事。为了体检我必须要早上六点左右到达。所以我那天起得特别早，穿着运动服梳着马尾就去了，妆自然也没有化。到医院后负责检查的医师先问了一些重要的专业问题。然后他看着我，语气略带惊讶地说："苔丝，你看上去气色真好！55岁能有这种状态不错啊！你是不是做过整形手术？"那天起床实在太早，加上要做检查，我的心情本来就比较糟，听到这句话，我瞪了他一眼，没好气地说："没有，到目前为止我还不需要把自己的脸切下一半扔到垃圾桶里。"听到我的回答，他哈哈大笑，边笑边说："天啊，这句话太经典了，我要马上打电话告诉我老婆。"

在与苔丝医生的交流中，有一句话留给我的印象最深："美丽的女人一生要经历两次死亡——一次是容颜逝去，另一次才是真正的死亡。"如果这句话所言非虚，在本书中，我们最重要的使命就是找寻周围事物的意义与深度，明确人生目标。如果美貌不能长久，也许我们应该学会接受并拥抱自然美，遵循大自然的规律，优雅地老去。我们需要看到内心深处。寻求内心认可有助于调节自身的心理状态，使人不必陷入争取社会认可的极度渴望中。因为我们所期待的众星捧月、魅力无限的情景在目前这个社会是不可能实现的。

谁都不想落得好莱坞电影《日落大道》中诺玛·戴斯蒙那样的下场。你还记得那个怪异的结尾吗？格洛丽亚·斯旺森扮演的诺玛徐徐地走下楼梯宣告："我准备好了，拍特写吧。"然而不幸的是，生活不会上演小说中的场景，头顶的聚光灯也不知道什么时候就会慢慢暗淡下去。

如果你的人生出现这样的时刻，使你内心充满不安，请记住这个事实：活到现在实属不易，并不是所有人都有幸活到这个年纪。有时候意外总是不可避免，疾病或灾难也随时有可能降临。每多过一天都是上天的恩赐。因此，为何不学着将我们的年龄看成一种福气呢？

女性朋友们，准备好展开新运动了吗？准备好结束那充满了隐瞒和谎言的日子了吗？准备好大声宣告你是谁、你的真实年龄了吗？摆脱命运的枷锁，敢为人先，打破常规。请勇敢地站立人前，骄傲地说出你的年龄。对自己的内心亦是如此。请记住，根本不必隐瞒年龄，不过一个数字而已。

不否定自我，因为自然所以美丽

我们 5 个名牌加身的女人在桉树底下享用着田园蔬菜沙拉。这里是加利福尼亚南部最美的地区，我正在与朋友们聚会。大家围坐在豪华度假酒店的阳台上一边沐浴着阳光，一边轻松地聊着天。

我们 5 个每人都有自己独特的防晒方式：一顶遮阳帽，70 倍露得清防晒露，15 倍玉兰油多效修护日霜，或者涂上厚厚的遮瑕霜，这些都是为了抵御正午阳光的侵袭。聊天内容从设计师品牌包、丈夫、孩子获得的奖励，一直延伸到了时下最流行的话题——肉毒杆菌。

这时，我假装不经意地望向周围的树木，装作一副沉思的样子。就像在研究树根，尝试找出兰乔圣菲地区的桉树如此低矮的原因一样。我甚至真的思考了半天：两者之间会不会有什么关联？然后我百无聊赖地检查了一下自己的手提包，确认一直随身携带的 1 美元抗衰老秘方没有泄漏。我的包既不是 LV，也不是普拉达。我一般会选择诸如肯尼斯科尔和法兰可萨托这类包包。这些品牌的商品在平价店就能买到，并且在那些以古驰、普拉达这些奢侈品包傍身的朋友面前，也丝毫不会让我觉得有失体面。

这种话题她们从来不需要我参与，就是那些关于肉毒杆菌的话题。每到这种时刻我就成了隐形人，我的女性朋友们都知道我不用它。偶尔为了显得合群，我也会随声附和地插两句嘴：“我知道，我将来肯定得试试。”但说这话的时候我也知道自己言不由衷。在美国，肉毒杆菌的拥趸不在少数，我也难免落入俗套，希望能得到她们的认可。

这时我又一次检查了一下自己的秘方是否存放稳妥。我的秘密武器听上去可没有肉毒杆菌那么吸引人。你甚至可能会觉得它有点荒唐。但我不这么认为。为什么呢？因为它的确有效。在本书第 4 章“1 美元抗皱秘方”中，我会为读者朋友揭晓谜底，并且保证让你安然通过机场严格的安检，带着它飞往心驰神往的目的地。我是认真的，稍后我会用一整章详细介绍这个秘密。所以现在，我们还是回到 5 个女人和田园蔬菜沙拉的画面上去吧。

午餐闲聊继续，从金·卡戴珊的绯闻八卦聊到了衣服搭配。比如，明明女性都追求身材窈窕，也希望衣服显瘦，但是有时候穿戴太多层反而会显胖。

我享受着蔚蓝天空下的景致，在这些无足轻重的话题中感到身心愉悦。有时候看看四周，放松放松心情，欣赏一下美好的事物的确能为我们带来短暂的满足感。注射肉毒杆菌这种方法就像是你只肯在朋友圈分享的唇彩和指甲油一样，是你不介意共同分享的美丽秘密。

可是，肉毒杆菌真的是美容利器吗？难道对这种面部注射的针剂大家已经能够如此坦然接受，都不需要谨慎考虑，事前进行调查了吗？

那就让我们一起来看看这些“背后的真相”吧。

好，好，先说整容手术。如果你真的需要面部修整，那么也算可行。

当然前提是这种面部修整的需求是绝对必要的。那这些微型面部提拉术、唇部注射、面部填充呢？你真的了解那些注射进皮肤内的物质吗？它们的长期效果怎么样？ 2003 年国家食品药品监督管理局才批准使用肉毒杆菌，那么我们如何知道注射 20 年后会有什么样的效果？我们怎样衡量注射肉毒杆菌对面部的影响呢？

也许这种针剂你一年只注射一次，但我想说的是，毕竟人的脸只有一张。现在大家都知道，长期使用肉毒杆菌会造成肌肉萎缩，所以我建议你在注射时一定要慎重。

以下是一些研究调查资料和真实的个人经历。在你准备使用这种只有暂时效果的除皱方式之前，请你仔细考虑一下。（肉毒杆菌会逐渐被皮肤吸收，因此除皱效果只能保持几个月。如果你是肉毒杆菌的忠实用户，这一点肯定心知肚明，不过还是请你继续往下阅读，因为可能你还不知道，最新的研究发现了肉毒杆菌不为人知的一些影响。）

在许多大范围的网络调查中，我们发现了一些令人不安的事实。这些真相美容医师恐怕不会告诉你，网络上成天狂轰滥炸的广告也不会告诉你。更不用说那些时尚杂志、电视上的美容广告。你甚至还会像我在上文描述的朋友聚餐中感受到来自同龄人的压力。就我个人的经验而言，这种毒素不仅已经获得了广泛认可，声名远播，还得到二十几岁女性的青睐。甚至还有这种针剂的主题派对——肉毒杆菌聚会。派对上，肉毒杆菌就像点心一样被传来传去。

“哎呀，当然！请给我也来一针。”

于是服务生赶忙递上针筒。

我并没有夸大其词。如果你住在美国西部沿海地区，或者世界上任何一个大都市，你肯定听说过肉毒杆菌，或者身边有朋友参加过此类聚会。

你可能会想：“大家都在用，为什么我不试一下呢？”

相信你已经知道，我更倾向于用自然的方法追求年轻。所以我也请求你，在决定把这种毒素注射到血管中之前，能够好好审视一下自己即将承担的风险。要知道，肉毒杆菌最终会被皮肤吸收，并不是除皱的长久之计。我对这种针剂只有一个概念——毒素。肉毒杆菌来源于肉毒中毒[1]，只知道这一点就足以让我这个年过 40 的女人对其望而却步。我宁可自己在几美元的面霜中加点美容秘方，也不要花费资金去迎合潮流，只为在午餐会上有一点儿谈资。

决定注射肉毒杆菌之前，问自己几个问题

- ☑ 我的脸是唯一的，除了注射毒素真的没有别的方法吗？
- ☑ 肉毒杆菌皮下注射有足够多的历史记录可供参考吗？
- ☑ 接受注射的人是否会产生不良反应？
- ☑ 肉毒杆菌只停留在注射区域，还是会扩散到身体的其他部位？一旦扩散的话对身体会造成哪些伤害？
- ☑ 为了消除一条皱纹，用健康做交换值得吗？
- ☑ 这种疗法有没有可能会加速人体衰老？

[1] 肉毒中毒(Botulism)是肉毒梭状杆菌外毒素引起的一种严重食源性疾病。

肉毒杆菌的真实面目

- 肉毒杆菌的本名为肉毒毒素。烟草原来也是药材的一种，用于治疗哮喘，但是随着时间推移，渐渐被标上了损害健康的标签。相信随着人类对这种流行毒素的研究日益加深，大家对肉毒杆菌的狂热会有所降温。
- 2008 年，美国食品药品监督管理局宣布注射肉毒杆菌可能导致“不良反应，有时会导致呼吸衰竭乃至死亡”。
- 2009 年，加拿大政府向国民发布了一项肉毒杆菌使用警告。警告称，注射肉毒杆菌抵抗衰老或用于其他医疗用途，会导致其他身体部位产生不良反应。严重时会引起肌肉萎缩、肺炎、呼吸紊乱以及言语失调等症状。
- 2011 年 6 月，《纽约时报》刊登了一篇报道。这篇报道以大卫 · T. 尼尔与塔尼亚 · L. 沙特朗在《社会心理和人格科学》杂志上联合发表的文章为基础，阐述了肉毒杆菌能使人的感官变得麻木。
- 根据世界著名的营养学家、作家尼可拉斯 · 佩里科内的观点，肉毒杆菌会造成脸部肌肉麻痹，反而增加面部老化的痕迹，带来适得其反的效果。

这些问题的主旨只有一个：你的脸是独一无二的。千万不要迫于同辈的压力就盲目效仿明星，那些靠注射肉毒杆菌维持年轻容貌的方式只是表面光鲜而已。如果你已经注射过肉毒杆菌，那么请停止注射，自己先做点调研吧！索菲娅·劳伦说过一句关于自然美的名言："美丽是一种内心感受，它会从你的眼眸中散发出来，而不是一种单纯的表象。"因此，请记住，在这个世界上，你是独一无二的。接受最真实的自我。寻找其他不用往自己脸上扎针的除皱方法吧。

不拒绝快乐，因为自信所以年轻

大约十二年前，我坐在药店停车场内一辆黑色福特远征的后座上，手忙脚乱地给怀中哇哇大哭的孩子喂奶。那时候，我刚从洛杉矶搬到圣地亚哥，还在逐渐适应新生活的过程中。告别了所有朋友，告别了熟悉的生活方式，彻底远离了以自我为中心的生活。

母亲的身份彻底改变了我。有了儿子之后，我整个内心状态变得更加安稳，人生也增添了许多新的必修课——例如养大我刚出生的儿子。老实说，这件事几乎消耗了我全部的精力。我们都知道，孩子是上天的恩赐，而做母亲是一件人生幸事。然而只有当你独自在停车场内怀抱着哇哇大哭的婴儿，不知道前路如何的时候，你才会明白我当时的感受。

这些回忆又把我带回到停车场的那一刻。我记得那段时间自己完全处于崩溃状态，根本无法适应郊区生活，每天都感到精疲力竭。

那时，每天早上起床，我脑海里蹦出的第一个想法就是："我得养孩子！"然后把儿子放进汽车座椅，打开咕咕娃娃乐队的歌曲，开着车到处转悠，借此缓解自己初为人母的紧张。

好在我至少没用"车内有宝宝"之类的车贴。不过，当时那种情况下确实应该贴上。只要我一坐到后排嘤嘤啼哭的孩子身边，就有一种从现实世界消失的错觉。我看着一位妈妈带着她的儿子进入药店，脸上洋溢着温暖的笑容。母子两个手挽着手走在一起，看上去生活如此轻松、惬意，一切都尽在掌握之中。我不禁问自己，什么时候我才能像她那样？

就是在那个时刻，我豁然开朗。我突然明白，一个人自怜自艾只能让时间静止，生活黯淡。我不应该变成那种倾尽全力追求完美的母亲，因为这种状态根本不可能实现。当妈妈之后，睡眠不足、与朋友分离以及适应新环境这些问题困扰着我，让我竟然忘了放松一下，忘了为一个重要的人——我自己——留点时间。

成为母亲之后，我的生活被两件事完全占据——烹饪美食和照看孩子。晚上做炖肉和鲑鱼，早上为丈夫煎好培根和半熟的鸡蛋，再配上切好的西红柿作早餐。我每天为丈夫端饭、递报纸、煮咖啡，然后给宝宝换尿布、读书、放一些莫扎特的胎教音乐[1]，希望他长大之后足够聪明。晚上我为孩子盖好被子，站在他床边看着，生怕他突然停止呼吸。

该如何描述我初为人母的生活呢？一句话：疲倦但很美好。

那时我的人生只有两个目标：做一个好妻子和一个好母亲。这两个名词诠释了我的全部生活。然后，直到药店停车场中顿悟的那一瞬间，我才意识到人生中缺失了一件重要的东西——一个为自己设立的目标。

虽然我之前的两个目标伟大而无私，但是它们让我忽略了自己，丝毫没有顾及自身的愉悦。在停车场意识到这一点的时候，我忍不住开始哭泣。我始终记得那幅画面：在一辆光亮如新的黑色 SUV 里，号啕大哭

---

[1] 莫扎特胎教音乐对于宝宝的智力全面发展确实存在一种特殊的促进作用。科学家们称之为“莫扎特效应”。

的儿子身边坐着不断抽泣的我。

值得庆幸的是，车窗颜色比较深，应该没有什么人看到这幅伤心的画面。相信你能理解，身处陌生的环境，一个刚当上母亲的新手妈妈在单调而琐碎的家庭生活中完全看不到尽头。记得当时经常萦绕在脑中的一个想法是："我该怎么熬过这 24 小时啊？"我真的毫无头绪，只觉得生活全然没有乐趣。

我分享这段经历是想让你明白，在那个特殊时期里，我忘记了一件至关重要的事情，失去了自我。因为忽略了自身的需求，所以根本无法让自己快乐。

那应该是我人生中最难熬的一段时间了。你是不是也像我一样把他人的需要放在首位，从而忽略了自己的快乐？如果事实如此，那你会很容易忘记那些能够带来希望的小快乐。我摘录过一句自己很欣赏的话，放在这里再合适不过。这句名言出自著名作家、诺贝尔文学奖获得者珀尔 · S. 巴克（赛珍珠）："世人常因冀望遥远难及的大幸福，忽略了眼前的小乐趣。"在生活中，我们往往追求完美，对自认为能带来幸福的东西充满期望，殊不知，正是这些东西让我们错失了许多快乐。

这段初为人母的经历就是最佳例子，我从中明白了永远都不能忽视自己的需求，相信你也一样。做母亲并不意味着失去自我。人生就像是一场永不停歇的战斗，有数不清的事情要做，有数不清的地方要看，能留给自己找点乐趣的时间所剩无几。

正因如此，本文的第三个"请"就要呼吁你每天做一件让自己开心的事。所以现在的问题是，你知道有哪些看似微不足道的小事能够为内心带来宁静吗？如果不知道，找点时间思考一下这个问题。先列出三件能让你开心的事。

我并不是指中彩票，也不是说像购物狂一样靠刷卡或者买双自己钟爱的马诺洛斯牌鞋子来填补内心的空虚。我指的是那些平常生活中的小事情。我自己就列了这样一个清单，有了它，在我忙于工作、家庭、市场活动和帮助先生管理公司的时候，能见缝插针地选择清单中的小事情来做。每个人都有一个忙碌的人生。是否能够挤出时间犒赏自己，来点亮一天的好心情，这完全取决于自己的选择，取决于我们心里是否在乎一个特殊的人——自己。

我的清单

早晨喝杯咖啡

到后院喂鸟

在房子周围散步 15 分钟

抽空阅读

去果汁店买杯好喝的鲜果奶昔

去咖啡店买杯“美国志”

给妈妈打电话

打电话给姐姐或者闺密们闲聊一会儿

跑步

去最喜欢的书店买本新上架的小说

你看，这些都是可行性强并且很具体的任务，并不需要多大开销。我的日常生活中，这些简单的事情经常会使我的心情舒畅。关键在于你要将它们排进日程表，以免忘记。

诚然，在生命的不同阶段，也许我们会无暇顾及内心的愉悦。可是，如果我们在人生旅途中忘记给养心灵，生活就会被怨气和空虚填满。

正如你所见，我的清单里没有和家人相关的事情。因为我平常的时间和精力基本都倾注在家庭上。这些简单的事情使我的世界更精彩，为我缓解压力、滋润心灵。由于大多数的女人都忘记关心自己的需求，这种做法就显得尤为重要。

学会关爱自己，好好感受生活中的美好时刻，最终会使你唤醒心中的自我，成功与内心对话。因此，你应该每天都抽出时间来修养身心，这样你的脸上自然会浮现笑容。正如我最崇拜的哲学家诺曼·文森特·皮尔[1]常说的：“坦然接受生活赐予的一切！”我十分喜爱他的著作《快乐与热情的财富》，在书中他鼓励我们在每一天来临的时候都对自己说这句话。他在书中写道：

为了今天，我将努力感到愉快，尽力保持身体健康，我将使内心足够强大，将用三种方式来磨炼灵魂，我将与人为善，我将按照计划行事……

诺曼·文森特·皮尔的这本书放在我枕边已经有些年头，早已被翻

[1] 闻名世界的著名牧师、演讲家和作家，被誉为“积极思考的救星”、“美国人宗教价值的引路人”和“奠定当代企业价值观的商业思想家”。

得皱皱巴巴。但是，每当我遇到困难或者面临挑战时，仍然能在书中找到珍贵的建议。是它帮助并鼓励我继续前行。请记住，我们自己才是人生中最重要的环节。在践行这本书的建议时，你的态度和精神将起到至关重要的作用。所以，每天至少为自己做一件能使内心愉悦的小事吧！

如果你对我那天后来的经历感到好奇，我不妨再多说两句。那天最后我还是离开了停车场，儿子也停止了哭闹。我掉转车头返回坚宝果汁店[1]去买果汁。排队的时候儿子安静地嘬着安抚奶嘴。我依稀记得当时耳边响着令人愉悦的搅拌机的声音，空气中飘荡着新鲜水果的味道，我对这一刻属于自己的时间感到无比激动。就在那一天，我终于开始重视那个对我儿子来说举足轻重的人——他的妈妈。女士们，请记住，自己是重要的！你才是自己人生的主宰。

---

[1] 美国连锁果汁店。

美丽女人最好命

>> P A R T 2 <<

世界上没有丑女人，只有懒女人或自卑的女人。

我的美丽，我做主

什么是美丽？《牛津字典》中对美丽的定义是：“一种完美的综合体，包括体型、肤色以及其他能够带来美感的元素，尤其指能为他人带来视觉享受的外表。”

对女性来说，尤其是那些已经为人母甚至步入中年的女性，是不是追求美丽，为了美丽不遗余力就意味着肤浅、虚荣呢？最近这个问题引起了我的思考。为什么要承受着巨大的压力追求外表呢？当你一边为工作奔走，一边照顾家中的孩子，为了工作和生活忙得焦头烂额的时候，还要穿着得体，妆容精致，打扮入时。这样劳碌真的有必要吗？值得吗？我们究竟是为了什么才心甘情愿地顶着压力追求美丽呢？

美丽并不是模特的特权，爱美之心人皆有之。正如我所说，美丽首先是一场心灵的旅行。一个人必须由内而外地拥抱自我，才能够真正感受到自己的心灵美还有外在美。现实生活中，有些女性朋友缺少动力，在她们看来，美丽就应该“任其发展”，对于已经步入中年的人来说，再努力保养“也没什么作用”。我写这本书的目的，就是希望帮助这些女性，让她们找到“发现自我，修养美丽”的理由。

首先从态度开始转变，任何年纪都不能阻挡我们追求美丽。前不久读到的一篇文章里，介绍了某位女士写的一本书，大概内容是讲述她放弃追求容貌的心路历程。现在她已经把镜子蒙起来并且再也不化妆了。她的做法恰恰与我在本书中提倡的理念完全相反。我希望她一切都好。如果这样做能够使她与内心相通，找到生命的真谛的话，那么她做出的选择无可厚非。

作为女人，就我的个人经验来讲，我认为追求靓丽的外表、愉快的心情以及健康的体魄将有助于提升你的自身形象。我也有过随便把头发绾起来，穿着松垮的运动衣，随便涂点口红就出门的经历。那段时间我的生活非常单调乏味，相信这绝对不是巧合。那时我的理念就是，已经做了母亲，又要照顾家庭，自我牺牲是在所难免的，所以对自己的形象完全持一种无所谓的态度。现在我可以负责任地告诉你，正是这种心态，让我错失了那些在我二十几岁时赋予我自信的东西——微笑。我还记得自己当时的想法："这是人生的必经阶段。我已经不再是年轻小姑娘了，穿着打扮这种事情对我来说完全没必要。"

这样想大错特错。

我刚刚从洛杉矶紧张的生活节奏中解脱出来，搬到了这个安静的富人区，这里面到处是意大利风格的建筑，还有一个高尔夫球场。在这个陌生的新的环境里，我认为打扮得光鲜亮丽没有什么用。打扮给谁看呢？谁又在乎你美丽与否呢？

这种情况一直到我结交了新朋友之后才有所转变。她打扮得体，举止优雅，身上散发出一种魅力，让你忍不住希望变得像她一样美丽。在金宝贝玩具店的一群妈妈中间，她总是那样光芒闪耀。她的头发看上去很有光泽，脸上擦着胭脂。虽然已经身为人母，但是时刻注意自己的容貌，展现出优雅得体的一面。看到这样的女性会让人感到多么赏心悦目啊！

新的友谊激励了我，我又开始打理头发了。我不再编辫子，而是做了达丽尔·汉纳[1]那样的发型。我翻出了以前的里维斯牛仔裤，还买了许多颜色鲜艳、凸显身材的衬衫。我用亮丽的色彩为生活增色，彻底告别了行尸走肉一般的生活。曾经的自信再度回归，我终于找回了往昔的魅力，重新感受到美丽的外表是一剂心灵良药，会给人以愉悦感。

我们需要尊重和爱护自己宝贵的身体。对于女性到了一定年纪之后应当怎么注意自己的言行举止，我听到过各种各样的观点。甚至有一个朋友这样对我说：“活得这么拘谨有什么意义呢？为什么我们就不能直接承认自己已经青春不再了？认输不就得了吗？”但是在我看来，我们没有什么需要承认的，也不需要去反驳谁。只要坦然面对最真实的自己就好。保护外貌和修养心灵，这些都取决于自己，与他人无关。

如果感到外表失去了年轻时候的光彩，就应当设法补救。而不是任其发展，既没有既定的目标，也没有相应的行动，还总是用“人到中年”这种借口来搪塞自己。如果这是你的真实写照，那么你现在的首要任务就是改变这种思想，用一种更加积极、正面的心态解决问题。玛丽·麦卡锡呼吁我们要做“自己的英雄”，难道你不想尝试一下吗？无论如何，我想！

你可以尽情地为保养美丽挤出时间。保养美丽并不是单纯的皮肤护理或是管理体重，而是将自己放在首要位置，给自己全方位养护的一个决定。

---

[1] 美国知名演员。

为什么这么说？因为只有这样，你才能对着镜子中的自己说：“天哪！那是我吗？我太喜欢她了。是我把她照顾得这么好。在我花时间提升健康，修养心灵，改善外貌的时候，我整个人的感觉都好极了！”我已经再也不会用任何借口忽视自己的需求了，在任何时候，我都会把自己放在首位。

你的外表会向他人传达你对自我的态度。如果你的鞋带松松垮垮，或者牛仔裤上满是破洞，那么你传达出的就是一种无精打采、毫无生趣的气息。因此，在穿着打扮时请准确地表现出自己内心的真实形象。如果你有这种认识，只是懒得计较外在，那么千万不要错过这一部分的内容。如果因为太忙而成天穿着毫无轮廓的“大妈汗衫”奔波忙碌，这种穿着对你的生活和心情的负面影响将会大大出乎你的意料。这一部分的内容是美丽三合一的重要组成部分，你需要认真阅读并且反复温习。我能够帮助自己改善和提升，因此也希望能够用这些方法帮助那些我爱的人。

美丽与我们的健康和心灵紧密相连。不管我们情愿与否，外表都是给他人的第一印象。你的穿着和皮肤状态传达了什么信息呢？你知道吗？如果不知道，那么我希望你能抽时间对自己的穿着风格以及对美丽的态度好好分析一番。那些否定你的人，还有那些让你觉得重视外表是肤浅行为的人，他们不会告诉你这个社会的基本准则，不会告诉你这样做的重要性。不管你是否承认，一个人的外在确实非常重要，你的穿着会直接决定他人对你的看法。这一部分内容中，我将与你分享一些简单的美容技巧，并且揭开女人在年龄增长时所要面对的谜团。

我还会在书中分享一些美容建议以及美容产品。这些方法简单易行，产品物美价廉，不仅可以帮助你保持年轻的容貌，还因为是纯天然的方式所以不会产生任何副作用。这些产品并不包括任何对人体有害的注射针剂。当我揭晓自己十五年来始终坚持如一的护肤秘诀后，你可千万不要觉得惊讶。我还会分享一些能够由内而外保养自己的简单习惯。这些习惯操作简单，你最需要做的只是为人生中最重要的一个人——你自己——多腾出一点时间罢了。我会与你一起探讨外表的意义，向你解释为什么穿着打扮不必追逐潮流，更不必为了符合年龄而刻意显得成熟。雅诗·兰黛女士[1]曾经说过："美丽是一种态度。美丽的世界里没有秘密。世界上没有丑女人，只有懒女人或自卑的女人。"

准备好迎接美丽的自我了吗？记住，你是独一无二的，也是美丽的。

[1] 护肤品牌"雅诗兰黛"创始人。

早一天行动，晚十年变老

27 岁时，我已经拍摄了多部商业广告，并且开始涉足演艺圈，做演员工作。这一年，我接到一个很重要的工作——为圣艾芙牌杏仁磨砂膏拍平面广告。随后，我的脸部特写出现在《时尚》、《家政》以及其他知名的时尚杂志上——我红了。这段经历一直都是我的宝贵财富，它不仅让我找到了人生的希望，也让我更加懂得爱护自己的容貌。我们都知道，美是女人一辈子的“使命”，而衰老则是我们最大的敌人。也许广告中有一点是对的——25 岁是美丽的分水岭。随着年龄增长，皱纹、色斑、皮肤松弛等问题总是会不可避免地出现。每个女人都渴望永葆青春，我也一样，害怕容颜不再，害怕垂垂老去。

事实上，尽管衰老是自然规律，无法避免，但如果方法得当，我们就能够放缓衰老的步伐。不过，在与衰老对抗之前，我们应当了解自己的“敌人”——究竟是什么导致了衰老？

1956 年，英国科学家哈曼博士提出了自由基的概念。他认为，细胞正常代谢时会产生自由基，这种物质会使身体产生退行性变化，从而导致衰老。自由基是人体氧化反应中产生的有害化合物，具有强氧化性，会损害机体的组织和细胞，进而引起慢性疾病及衰老效应。因此，自由基是造成人体衰老的关键因素。如果人体内自由基过多，强烈的氧化作用就会引发各种疾病并加快衰老的步伐。

除此之外，体内毒素堆积，则是造成衰老的又一大元凶。由于环境污染，空气、食物和饮水中都极有可能含有毒素，摄入体内之后如果不能及时排出，将会对我们的肝脏造成极大的负担。过多的毒素积累还会使皮肤敏感，肤色黯沉，并长出老年斑。

因此，可以说自由基和毒素是造成衰老的两大“元凶”。

说实话，得知环境对皮肤的侵害无处不在时，我暗自心惊了许久。然而平静下来之后，我反而释然了。既然这些侵害是不能完全避免的，为什么不主动应对呢？于是我开始了全方位的防护工作。一起来看看我的抗衰老计划吧。

抗氧化

人体的新陈代谢是一个氧化过程，这一过程中会产生大量的自由基。因此为了防止自由基对肌肤造成伤害，我们的首要任务就是防止氧化。自由基会受到外部环境的影响，所处的环境越恶劣，自由基对皮肤的伤害越大，人老得也就越快。因此，拒绝烟酒、避免长时间在阳光下活动、及时补充维 C，并保持良好的心情，尤为重要。

抗细纹

皱纹是美丽和年轻的杀手，因此保持肌肤光滑、有弹性是抗衰老的必修课。随着年龄增长，人体纤维细胞的数量会逐渐下降，皮肤中的胶原蛋白和弹性纤维蛋白也逐渐减少。这时，皮肤弹性变差，再加上生活习惯、饮食习惯的影响，皱纹就会逐渐出现。这时的首要任务就是补充富含核酸和弹力纤维的食物，养成良好的生活习惯，时刻让肌肤充满活力。也许提起抗皱很多人首先会想到肉毒杆菌，但是这种存在安全风险的除皱方法我并不推荐。我有一个价格低廉而又效果惊人的小妙招——1 美元抗皱秘方，留待下一章为你们揭开这个“秘密武器”的神秘面纱。

抗松弛

25 岁以后，皮肤血液循环开始变慢，皮下组织脂肪层逐渐松弛，失去弹性。脸部线条不再流畅，皮肤不再紧致饱满，开始出现法令纹和双下巴。这一方面是胶原蛋白和弹性纤维蛋白缺失引起的，另一方面，随着年龄增长，皮下脂肪流失和肌肉力量减少也会导致皮肤松弛。我一般会通过保证饮食均衡，睡眠充足，避免夸张的面部表情来抵抗皮肤松弛，同时也会适当补充酵素。

抗疲劳

夜间是人体新陈代谢的时间，如果身体能获得充分休息，肌肤就会在此期间顺利排毒，保持通透有光泽。而熬夜则会造成毒素积累，不仅导致肤色黯沉，皮肤还容易长斑。长此以往，只会加快衰老。因此，过完劳累的一天，最重要的就是好好享受睡眠。关于如何利用睡眠留住肌肤的年轻状态，我会在后面章节中详细讨论。

进入模特界之后，我一直有一个困扰，什么时候开始抵抗衰老？相信很多人也有同样的疑惑。直到护肤专家给出答案，我才大吃一惊地发现，在肌肤接触到外界环境中的阳光、空气时，老化就已经开始了。可以说，抵抗衰老是任何年龄段的女性都应当做足的功课。不过在不同的年龄阶段，根据肌肤的不同状态，我们应当相应调整抵抗衰老的方法。

25 岁之前，肌肤仍然处于生长期。这个时期最重要的是培养良好的生活习惯，例如养成规律的作息，避免熬夜，每天都摄入大量新鲜的蔬菜和水果，养成良好的饮水习惯，远离烟、酒，坚持运动，等等。另外睡前一定要卸妆，做好脸部的清洁工作，时刻让毛孔保持通畅。入睡前，我通常会用手指轻轻按摩脸部，一方面放松肌肉，另一方面帮助肌肤吸收营养。这个方法我已经坚持了二十几年，每次做完都感到身心舒畅，相信现在的好肤色也一定有它的功劳。

25 岁到 35 岁之间，随着血液循环功能减弱，皮肤分泌的油脂减少，弹性变差，储存水分的能力逐渐减弱。这个阶段应当注意补水与补油同时进行，同时配合一些抗衰老的产品，帮助肌肤抵御自由基和环境污染的侵害。幸运的是，我正是在这个阶段发现了 1 美元抗皱秘方，多年来的坚持，让我对肌肤状态更加自信。

35 岁到 45 岁正是保养皮肤、抵御衰老的关键阶段。这时皮肤中的胶原蛋白和弹性纤维蛋白开始短缺，皮肤容易出现松弛、产生皱纹。因此需要加大保护的力度，每天早晚都坚持为肌肤补充足够的营养。通过全面滋润，帮助肌肤恢复弹性。

45 岁之后，表皮细胞失去再生功能，皮肤老化的速度进一步加快。这个阶段除了需要坚持之前的保养方法，还要使用一些富含胶原蛋白的高营养面霜。同时适当调整生活节奏，为自己减压。

年轻从水润开始

水是生命之源，也是人体不可或缺的成分。人体 70% 的组成部分是水。它能调节体温，充当各个器官的润滑剂，帮助人体补充微量元素和矿物质，除此之外，它更是美容养颜，保持肌肤活力的不二法宝。众所周知，皮肤缺水，就会变得干燥、缺乏弹性，从而导致面容苍老。因此，水对爱美的女性来说万分重要。

美好的一天从清晨的第一杯水开始

“一日之计在于晨”，清晨的第一杯水尤为重要。经过 8 小时的睡眠，人体在呼吸、排汗以及泌尿过程中消耗了大量的水分。这时候喝水，可以及时补充睡眠中流失的水分，并且能清洗已经排空的肠胃，起到润肠的作用，帮助人体排出体内垃圾。第一杯水还可以刺激人体器官运转起来，从而唤醒身体，开始美好的一天。

用喝水帮身体“减负”

人体中，产生口渴和饥饿信号的神经同属于一个中枢，因此很多时候我们会将这两者混淆。这样很容易使人摄入超过身体所需的热量，从而形成肥胖。其实，补充充足的水分之后，产生的饱胀感会降低饥饿感。这样不仅可以防止产生多种疾病，还可以保持苗条的身材。通常情况下，我会选择在餐前、餐后都喝一杯水。因为人体内的很多化学反应，都要在“水”里进行。餐前的这杯水，不但能保证身体的代谢机制正常运转，还可以增加饱腹感，控制进食量。饭后半小时，再喝一小杯水，则能够加强身体的消化功能，有助于排出体内的垃圾。

做个会喝水的水润女人

营养学家认为：“未来的健康状况取决于现在的饮水习惯。”因此会喝水才能成为真正的水润美人。不知道你们是不是跟我一样惊讶——最适合人体吸收利用的其实是白开水。新鲜的白开水不但无菌，还含有人体所需的十几种矿物质，最容易被人体吸收利用，并能促进新陈代谢，增加身体免疫力。根据多年的饮水习惯，我总结出以下几点：

保证每天 8 杯水

科学研究表明，人体每天约排出 2 升水，因此，这也是我们满足身体每日需求的基本饮水量。以 250ml 的杯子来计算，总共需要饮用 8 杯。但这只是一个理论上的数字，根据不同的情况，我们也需要适当调整。例如，如果平时已经摄入大量的新鲜蔬果，那么可以适当减少饮水量，而如果平时喜好烟酒，或者摄入的食物中含盐量较高，就应当适当增加饮水量。总之，按照需求饮水，保证体内水平衡。

不喝久置的水

新鲜的白开水最适宜饮用，尤其是温度在 20℃—25℃之间的温开水。

这时的水能提高脏器中乳酸脱氢酶的活性，帮助身体消除疲劳。但是如果贮存时间超过 24 小时，水中会不断分解出亚硝酸盐，时间久了，还会产生微生物，饮用之后会引起组织缺氧，摄入过多的亚硝酸盐，还会导致中毒甚至死亡。所以隔夜的水，最好用来日常清洗。

小口饮用更利于吸收

喝水时，最好小口慢慢饮用。这样有利于吸收，并且可以防止由于大口喝水导致的胀气和腹胀。

玻璃杯是喝水的首选器皿

玻璃在烧制过程中不含有机化学物质，而且表面光滑，容易清洗，降低了杯壁滋生细菌和污垢的概率，是最佳的健康饮具。

要做健康的“水润美人”

晨起补水益处多

休息一夜之后，不止身体处在缺水状态，肌肤也会变得干涩，缺乏弹性。因此，晨间给肌肤补水是起床之后的首要任务。做好清洁之后，一定要用化妆水、精华液以及保湿乳充分滋润“饥渴”的皮肤。早餐前最好再补充一杯常温的酸奶，这样不仅养胃，还可以提高皮肤的光泽度。如果上班之后能再喝一杯富含维生素 C 的果汁或者花茶，那就再好不过了。

轻松的办公室补水法

在空调房内长期面对电脑办公，由于空气干燥和辐射的原因，会使肌肤紧绷缺水，眼睛周围干涩、易生长皱纹。因此上班之前一定要做好防晒和隔离的工作。上班的闲暇之余，也需要随时喷洒一些保湿喷雾，让肌肤时刻感受到水润。保湿喷雾中一般都含有矿物质和微量元素，能够保持肌肤水油平衡，防止过敏。除此之外，眼药水和滋润的眼霜也是日常的必备武器。眼药水可以帮助舒缓眼睛疲劳，而眼霜则是舒缓眼周皮肤，补充水分的最佳帮手。

烈日下的补水小妙招

炎炎夏日，每个人都不会忘记做好防晒措施，但是此时肌肤水分流失也相当严重，因此在防晒之余也需要从头到脚做好补水工作。我的防晒产品一般都具有保湿功能，为的是及时锁住肌肤水分。如果感到燥热，肌肤干燥，一定要及时喷洒保湿喷雾，并且补充一些夏季的时令果蔬，滋润同时不忘养颜，让水润由内而外透出来。

夜间的补水功课

结束了一天的忙碌之后，相信很多人都像我一样，喜欢泡个热水澡，放松一下身体，顺便舒缓心情。但在这个过程中，身体往往会流失大量的水分。因此泡澡时，我总会在身边放一瓶水，既为身体补充水分，同时促进新陈代谢，让体内垃圾及时随汗液排出。如果睡觉之前再做一个补水面膜，肌肤就会更加嫩滑饱满，让你早上起来照镜子的时候心情愉悦。补水面膜可以根据不同的肤质和季节选择使用频率，通常情况下，每周使用 1—2 次即可。

相对来说，我最喜欢用的就是泥面膜，我对这种面膜的偏好已经有二十多年了。也许在潜意识里，敷这种面膜就像是在家做 spa 一样。在享受的过程中，覆盖在整个脸上的面膜仿佛渐渐收缩一般，让皮肤变得紧绷。

我知道关于泥面膜大家有一些误解。很多人都认为泥面膜会吸干皮肤里的水分，使其变得干燥，最终导致皮肤衰老。其实恰恰相反，泥面膜不仅能放松皮肤，抵抗衰老，而且能帮助油性皮肤的人防治粉刺和痤疮。敷面膜产生的面部紧致感其实能放松面部肌肉。难怪我觉得自己像在度假一样。这是我从模特生涯学到的一个重要秘诀，多年来一直在坚持。请记住，就像人生中的很多事情不宜过量一样，泥面膜的使用频率也不宜过高。我每周最多使用一次泥面膜。并且“1”也是我的幸运数字。

我的补水小贴士

每天食用一些新鲜的蔬菜和水果，能够帮助肌肤深层保湿。

沐浴之前喝一杯冷开水，可以防止热量蒸发时带走体内的大量水分。

夜晚是皮肤渗透力增强的时间，保证充足的睡眠，并在睡前做好保湿工作，能让你在起床时就享受到水润肌肤。

1 美元抗皱秘方

这一章就让我们坦诚相对。我知道许多女性都注射过微量的肉毒杆菌。她们的脸上看不出来微整形的痕迹，脸颊和嘴唇也没有展现出一种诡异的丰满。众所周知，注射大量肉毒杆菌之后，最明显的特征就是嘴唇比眼睛更吸引他人的视线——那种宽而厚的“性感”嘴唇，让你忍不住怀疑她们笑的时候一定很疼。听我一句劝，不要让自己的脸变成那样。否则你的自然美就荡然无存了。我们要做的应该是一个健康、年轻和美貌并存的自己，所以还是远离那些带有“填充”字眼的美容手段吧。如果你认为我这么说是因为害怕打针，那你就错了。我不仅不害怕打针，甚至还很喜欢中医的针灸疗法，喜欢打维生素 B 营养针。不过对针筒里面的肉毒杆菌，我倒真是挺害怕的。

不要轻信美容机构的广告，那些“一针恢复青春”的宣传语，真假虚实难辨。如果一定要去美容院，那么就去某一家简简单单地做个脸部护理，通过补充营养让肌肤焕发青春光彩。现在是时候爆料了。我们一起来看看之前提到过的，我的 1 美元“美容利器”。

在应对衰老的诸多方法里面，我对除皱这一点颇富心得，因此单独用这一章向女性朋友们分享我的美丽秘密。我对抗鱼尾纹、唇纹以及可怕的抬头纹所用的顶尖秘密武器就是——凡士林搭配维生素 E。这种小玩意儿的费用，根据凡士林的多少，大概从 1 美元到 5 美元不等。它起作用的原因也很简单，凡士林的原料是一种很厚的油性物质，它不会渗透到皮肤中去，而是停留在皮肤表面，提供一个防护层，保护皮肤免受环境中自由基的破坏。

大多数面部皱纹都是在睡觉的时候产生的。如果睡觉时不能整晚保持仰卧的姿势，那么皮肤就会因为枕头的挤压而产生皱纹。如果睡眠姿势不正确，长此以往还会加快皱纹的生长速度。皮肤干燥也是皱纹增加的一大元凶。另外，过于夸张和丰富的面部表情也会导致皱纹产生。拿起镜子，观察一下自己的面部表情。请记得时刻保持明媚的微笑，不要皱眉。开车的时候，不要为了烦心事而郁郁寡欢。放松点，释放自己的压力。

每天晚上我会将凡士林和维生素 E 混合起来使用。涂完晚霜之后，将调好的混合物涂在容易生长鱼尾纹的眼周、嘴唇上方以及额头上。用量是多少呢？反正我会涂厚厚的一层。不过我并不建议你每天都把这种混合物当作润肤霜擦脸。但是每周都有那么一天，我会把它们从额头到脖子都涂上厚厚的一层（这种时候不要忘了用发卡把头发都梳到脑后）。第二天早上醒来，你的脸上肯定会容光焕发——只需一晚就能见到成效，而且成本只要 1 美元。

也许你会好奇我是怎样发现这个秘诀的。2005 年我曾经做过几个月的皮肤护理顾问，代理一个纯天然的护肤品牌。那段时间，我经常在家举办小型聚会，邀请其他的家庭主妇一起探讨除皱的方法。这种产品据说能够透过肌肤表层一直“渗透到细胞”，全面焕发肌肤活力，我的邻居们都愿意尝试购买。

我得承认，在那个阶段，我发现自己跟其他人一样，眼角长出了好多鱼尾纹，这个现状把我吓坏了。所以我觉得在聚会中一起讨论一下保养心得，除皱妙方什么的，再和女性朋友们聚聚、聊聊，一定很有趣。

就在那时，我恰巧在电视上看到一期奥普拉的脱口秀节目。我说“恰巧”是因为当时我正在心不在焉地调着频道，突然屏幕上“青春之泉的秘诀”的字眼吸引了我，让我情不自禁地放下了手中的遥控器。边看边想，我要怎样才能参加呢？

这期脱口秀比较特殊，邀请的嘉宾是一群 50 岁中旬的女人，她们没做任何整容手术，可是看上去就跟刚过 30 岁一样。然后有一位不可思议的女性出现在现场，我记得她应该是 58 岁吧，可是我发誓，她看上去比我还要年轻许多。天哪！她的秘诀是什么？

千万不要被吓到——痔疮膏。

你可以想象一下这幅场景：听到这个消息之后，一个长发飘飘的金发女郎急匆匆地跳进一辆皮卡，飙车到最近的药店去买秘方。没错，那个人就是我，当时我毫不犹豫就奔出去了。事实证明这种果冻状的物质的确有效——介绍这个秘方的女士看上去气色好极了，皮肤状态令人惊叹。其实在早期的模特生涯中我曾经用痔疮膏来消除眼袋，但是竟然不知道它还能用来除皱。

所以，接下来的几个月里，我一边宣传销售那种“滋润到细胞”的护肤品，一边悄悄地开始了自己的“美丽计划”。晚上我直接把痔疮膏敷在容易产生皱纹的区域，白天则会涂抹后再用粉底遮盖住。当时，我有一个好朋友每天都会仔细地观察我的脸，检查肌肤状况。不知道你有没有这种朋友，如果有的话，想必你能明白，因为这个朋友，你不得不每天多花10分钟对着镜子修补妆容，才能够在见面时一次性通过她的“例行检查”。

我的“美丽计划”就这样悄然展开，然后有一天，我和这位朋友见面之后，她惊讶道：“天哪，看来你卖的那些产品真的有效！你的皮肤看上去好极了。”

“谢谢！”享受赞誉的同时，我感觉自己像个骗子。明明在邻里间宣传护肤产品，自己却依靠痔疮膏抗皱驻颜。只是这种事情让我怎么样开口呢？不管了，我必须告诉某个人。这样神奇的美容秘诀，不与人分享简直太可惜了。

于是我诚实地回答：“我最近没用那些护肤产品。其实我得坦白一件事。我的护肤秘诀是从奥普拉脱口秀上看来的，皮肤这么好完全是因为用了……呃……痔疮膏。”

你可以想象，在场的人全都倒吸了一口凉气：“你在开玩笑吧？”

我的秘密忽然间人尽皆知。然后很快，我就不得不跟那群女士还有自己不再使用的产品告别了。毕竟我是这种护肤品的代理人，一言一行都应该为这种产品服务。这种行为算是对产品“不忠”，因此我只能告别这段短暂的代理时光。

可以说，这个秘方最终开启了我在报刊杂志领域的新征程，这个新职业反而更有趣，让我的生活更精彩。知道痔疮膏的特殊功效是在2005年，之后的许多年里，我都在一直践行这个秘方，并且如果有人问我的话也如实相告。问题在于，如果身边的痔疮膏用完了怎么办？有时候我会用凡士林代替。是的，就是那种柔滑滋润的软膏。凡士林发明于 1872 年，人们提起这种软膏，总是会想到 70 年代的母婴护肤品。

凡士林资历是老了点，但是效果却丝毫不逊色

事实上，凡士林的效果比痔疮膏还要好一些。最关键的一点是，这种润肤霜你可以从容地与朋友们分享，根本不必担心它像痔疮膏一样引来尴尬，让你难以启齿。这样的美容秘诀，你完全可以大胆地在朋友之间传播，她们绝不会“受到惊吓”。反观注射肉毒杆菌的方法，即使再有效，对我来说也是一种可怕的美容方式。至少我的秘方只是一种护肤霜，并且在抗皱方面真实有效。

现在我个人更习惯将凡士林和维生素 E 混合起来使用。这是我的绝密秘方，它能够有效抵御外界自由基的侵害，防止肌肤皱纹丛生。这种润肤霜和痔疮膏一样效果极佳，同时可以随时随地放在包里，丝毫不会让你觉得尴尬。

凡士林抗皱的具体原理是什么?

凡士林是一种润肤霜，它具有极佳的保湿效果。这种润肤霜中的油性分子很厚，无法渗透皮肤表层。因此，它相当于覆盖在皮肤表面的一个保护层，能使皮肤免受环境中有害物质的侵害、防止皮肤干燥以及因为侧躺或者俯卧而产生皱纹。如果你能让自己整晚保持仰卧的睡姿，那么也很好，因为你掌握的这个诀窍能让你脸上少长许多皱纹。

所以你还等什么，赶紧与朋友们一起分享这个秘方吧!

我不明白为什么有些女性朋友不习惯分享，总是喜欢把美丽的秘诀藏在心里。可能因为自己“好姑娘”的性格，我总是喜欢把这些小秘密广而告之，也许会有人觉得我没脑子吧。不过，如果你不愿意告诉别人

也没关系，并不是说一定要昭告天下，你正在使用从药店里买的既普通又过时的凡士林。

我知道，这个美容秘诀听上去太缺少吸引力了，比起“肉毒杆菌”这种时尚潮流的新名词还会稍显过时。事实确实如此，我的美丽秘诀原本就没有走潮流路线，不够华丽也是理所应当。不过，只要它确实有效，名字好不好听谁在乎呢?

我建议你先试用一周，然后仔细观察一下脸部是否产生了变化。人生可贵，容颜同样值得珍惜，在眼角周围涂抹一些凡士林能算什么难事呢？还是亲自感受一下这种神奇的效果吧!

我最近在杂志上读到一篇文章，是电视剧《老友记》里一位明星的专题访谈，她也提到凡士林是自己的美容秘诀之一。给你一个小提示，一起来猜猜她是谁——她曾经掀起了一股很酷的发型风潮，是目前为止整部剧中我最喜爱的角色。因为这篇采访报道，我觉得我们仿佛成了朋友，因为我们拥有共同的爱好——都乐意与别人分享自己的美容秘诀。因为这点，我更喜欢她了。

你就是最好的美容师

在我看来，皮肤护理并不是一种大而化之的通用方法，每个人的肤质和皮肤所处的阶段不同，护理方式的侧重点也不同。女性 20 岁左右时，皮肤还处在年轻状态。这时最重要的护理工作就是清洁和补水，同时还要格外注意防晒，为抗衰老做好准备。毕竟抗衰老是预防性的，真正等到岁月痕迹在脸上显现的时候，再去修护皮肤恐怕就为时已晚了。所以，在阳光下享受青春的同时，不要忘记为皮肤遮上一层“保护伞”，避免皱纹和色斑早早光临脸颊。

清洁、补水和防晒看似简单

首先说说清洁。20 岁左右的时候，我遇到过一些女性朋友，她们睡觉之前从不洗脸。我心里总会想，她们的脸一定迫切地希望自己的主人知道，洗脸是最简单有效的美容手段。清洁是护肤的第一步，因此千万不要小看它。如果脸部清洗不够彻底，毛孔很容易被油脂或者附着在皮肤表面的灰尘堵塞，皮肤也容易长痘。清洁面部不只可以洗去脏东西，保持毛孔通畅，还可以清洁掉肌肤表面累积的老废角质。因此每天睡觉前，一定要好好为自己洗个脸。

洗脸时，由于脸部不同区域毛孔的开口方向不同，清洗相应区域的手法也不同。额头要用双手指腹从下往上打圈，然后再上下交错清洁；鼻子部位则需要从鼻翼底部向鼻尖方打圈揉搓；脸颊部位则大面积从下往上打圈。只有这样才算是真正完成了清洁工作。但是有一点需要注意，洗脸时间不宜过长，否则会损伤皮肤。

选用清洁产品时最重要的是适合自己。因为每个人的皮肤类型不同，所以适合我的不一定适合你。我个人比较喜欢小蜜蜂牌香皂、旁氏雪花膏或者诺克斯泽码卸妆霜。说到卸妆，我有一点建议，千万不要用食指卸眼妆。食指力道过大，如果经年累月地用食指揉搓眼睛周围，会加速皮肤松弛。正确的做法是什么呢？用无名指，因为这个指头的力道最小。

其次是补水。前面章节中，我曾经提到过，干燥是皮肤产生各类问题的根源。肌肤缺水会导致油脂分泌旺盛，角质粗糙肥厚，毛孔粗大，长斑以及皱纹丛生等问题。因此保护皮肤的当务之急就是为肌肤补水。

为了保证肌肤充分吸收化妆水，涂抹过程中也有一些小技巧。我习惯的做法是将适量的化妆水在皮肤上均匀涂抹开，用指腹从脸部中央开始，轻柔地向外侧画圈。然后张开手掌轻轻依次按压脸颊、额头和下巴，大约保持 20 秒钟。最后，轻拍面部直到化妆水全部被皮肤吸收为止。

除了为肌肤补充水分，平时在保养过程中也需要防止水分流失。例如：洗脸时水温不宜过热，敷面膜时间不宜过长（一般以 15—20 分钟为宜），不能因为是油性皮肤就省去保湿的步骤等。

最后是防晒。如今美黑已经变成一种时尚，我们并不介意皮肤变黑，但是却一定不希望阳光将皮肤晒老。紫外线是皮肤粗糙、老化、出现过度色素沉淀以及毛细血管扩张的罪魁祸首。因此防晒是皮肤护理的重要工作。但是并不是只有夏天才需要防晒，紫外线对皮肤的侵害无处不在，因此任何时候都需要保护皮肤远离紫外线辐射。但是选择防晒霜时不能盲目，一定要针对自己的肤质选择合适的产品。

油性皮肤的人可以选择一些清爽、水乳质地的隔离防晒产品，这样既有利于保持水油平衡，还可以避免由于长时间在户外运动而反复涂抹防晒霜。干性肌肤皮肤表面的角质层含水分较少，防晒品的挑选就要注重其中的保湿成分。混合性肌肤一定要注意的是水油平衡。敏感肌肤选择防晒产品时重要的是无刺激，因此最好选用温和天然植物配方的防晒隔离产品。除此之外，一天当中，上午 10 点到下午 3 点的阳光最猛烈，我们应当尽量避免在此期间外出。

到了 30 岁，随着新陈代谢速率减慢，皮肤开始进入老化状态。肌肤弹性变小，脸颊和眼周容易浮肿，并且开始生长眼纹。这时皮肤分泌的油脂逐渐减少，单纯的补水已经不能满足皮肤的需求，需要使用一些滋润度比较高的保湿产品，同时配合一些脸部按摩，尤其是针对眼睛周围的按摩。通过外部作用帮助肌肤保持健康、年轻的状态。要知道，很多时候皱纹都是由于干燥形成的。但是需要注意的是，保湿包括两部分，补水和补油。皮肤偏油则补水，皮肤偏干则补水、补油两者同时进行。

40 岁之后，随着雌性激素逐渐减少，皮肤开始出现暗黄、松弛、老化的状况。这个时期就需要选用一些含有胶原蛋白成分的护肤品，为肌肤增添活力。同时需要用手指或者按摩仪器一起配合按摩，帮助肌肤恢复弹性、紧致的状态。

虽然各个年龄段皮肤护理的侧重点不同，但是基础的护理步骤还是一样的。

我的基础护理步骤

- 洗面奶：正如前面所说，清洁对护肤来说十分重要，因此护肤的第一步就是做好清洁工作，保持毛孔通畅。
- 化妆水：清洁完毕之后，及时用化妆水为肌肤补充水分。化妆水可以滋润肌肤，调整面部水分和油分平衡。
- 肌底液：化妆水之后我一般会涂抹肌底液。肌底液能够帮助肌肤更好地吸收其他护肤品中的营养。涂抹完之后不要忘记用指腹按摩直至吸收。
- 精华液：这个时候精华液就可以上阵了。精华液具有抗皱、美白、保湿等多重功效，营养成分很高。在肌底液的辅助下，能够让肌肤充分享受滋润。
- 乳液或面霜：护肤中最重要的就是涂抹乳液和面霜，它们可以为肌肤补充营养，锁住水分。
- 防晒霜：必须再强调一次的是，不是只有夏季才需要防晒。在保证肌肤营养的基础上，再为它添加一层防护，护肤工作才算周全。

比护肤品更有效的养护方法

橄榄油

橄榄油具有很好的天然保健功效和美容功效，能将有害健康的饱和脂肪酸转化为不饱和脂肪酸。每天用完护肤水后，在肌肤上涂抹少量的橄榄油，再做后续的基础保养。抗衰老的同时，橄榄油还有很好的杀菌效果。除此之外，每天喝一勺橄榄油也是不错的习惯，能够保持身体和肌肤健康。

选择橄榄油时，应该选择酸度不超过 1%的特级初榨橄榄油，它可以帮助排除体内堆积的废物与毒素，使皮肤变得透亮有光泽。橄榄油中富含的维生素 E，防止肌肤衰老的功效非常突出。在保持肌肤水润、有弹性的同时，不会给皮肤造成负担。

豆制品

豆制品富含植物蛋白、矿物质和丰富的维生素，这些物质能够有效促进新陈代谢。除此之外，豆类中还含有大量的大豆异黄酮，又称“植物雌激素”。因此，及时补充豆类，能够帮助皮肤补充水分，保持并恢复弹性，使女性再现青春魅力。

迷你 spa

这个绝对必要。每周我都会享受一次迷你 spa，专门腾出一个小时的时间在浴缸里美美地泡个澡，宠爱一下自己。我会点上一支蜡烛，闭上眼睛，慢慢放松，享受安静的气氛。还会花几十分钟用护发素给头发做护理，然后在脸上敷上薄荷深层清洁泥面膜，帮助收缩面部毛孔。

每周我都会从忙碌当中抽出一些时间，来放松我的身体和灵魂。方法就是，通过保养使自己的皮肤、头发和身体重新恢复青春光彩。我还会做一些本书心灵部分提到的深呼吸练习。这些时间是我特意为自己安排的，在这段短暂的休息时间，我会爱护自己，照顾自己，让我充分感受到来自自己的珍视。

因此，享受迷你 spa 总是让我对接下来的周末充满期待。很多时候我们以为要旅行时或者去 spa 中心才能够享受这种放松。其实，只需要多点创意，生活中的乐趣和美好总是无处不在。每周都给自己做一次保养吧，很快它就会变成你的一种习惯。保养的步骤务必不能省，但是美容机构的那些美容针剂还是省了吧。如果你能明智地安排好时间，用正确的方法来保养自己，那些针剂根本毫无用处。不是吗？

变瘦、变美、变年轻

当我在快节奏的生活中放慢脚步，开始追求自己的“美丽人生”时，对健康领域也十分关注。我始终相信，健康是年轻和美丽的先决条件，拥有健康的体魄、愉悦的心情，我们才能从内心深处享受自己的美丽。偶然的一次机会下，我读到一本《蓬德》杂志，在这本杂志中了解到了酵素这种物质。

酵素也称酶，是一种具有生物催化功能的高分子物质，它是人体健康的基石。诺贝尔生理和医学奖得主阿瑟·科恩伯格认为：“对自然界的生命来说，没有任何物质比酵素更重要。DNA 本身是无生命的，它的语言冰冷而威严，真正赋予细胞生命和个性的是酵素。它们控制着整个有机体，哪怕仅仅一个酵素的功能异常都有可能致命。”

现代研究结果证明，人类身体各个部位都有酵素存在，这些酵素参与了人体的新陈代谢过程。缺乏酵素会使人的健康程度受损，出现肥胖、老化以及抵抗力下降等症状。可以说，酵素与人类的生老病死息息相关，人体中的酵素量和活性决定着我们的健康与寿命。

我们都知道，人体必须摄取充足、均衡的营养才能保持健康。但是这些营养却需要依靠消化酵素才能变成容易被人体吸收的成分。在制造血液、骨骼、组织器官时，需要依靠代谢酵素将葡萄糖、氨基酸、脂肪酸与维生素、矿物质等微量元素相结合。科学家们还发现，人体内白细胞杀菌，肝脏与肾脏之所以能够排毒，也是靠酵素直接或间接的工作来完成分解作用的。所以酵素不足，会影响人体吸收营养成分，体内的排毒功能也会减弱，从而影响身体健康。

然而人体内的酵素含量并非一成不变，而是随着时间流逝逐渐减少的。从出生到 7 岁时，人体中的酵素含量最多，7 岁到 25 岁时还可以维持正常水平，自此之后开始递减，年纪越大递减的速度越快，过了 50 岁以后就所剩无几了。当身体的代谢酵素活性数量低至无法持续生命所需时，我们的生命也就走到了尽头。酵素数量减少是年老的真正标记，假如我们能够延缓代谢酵素活性衰退，就能够阻挡日渐衰老的步伐。

酵素对人体究竟有哪些作用？

活化皮肤细胞，抗衰老

酵素能够促进新陈代谢，起到活化和修复细胞的作用，因此对修复皮肤皱纹，抵御衰老来说，是一剂天然的良药。适当补充一些碱性酵素，能够与人体内的酸性环境产生中和作用，如果同时再补充一些抗氧化酵素，还能防止自由基的侵害，让肌肤容光焕发。

提高人体免疫力

酵素本身并不参与身体内的化学反应，它是一种催化剂，能够帮助人体将酸性体质转变为弱碱性体质。研究表明，酵素在人体内能够强化细胞功能，促进消化，提高人体的免疫力，甚至能够抵御癌症、预防艾滋病感染。如果体内的酵素含量充足，也可以有效预防高血压、高血糖以及糖尿病等疾病。因此，酵素对人体健康来说，必不可少。

美容养颜与减肥瘦身

酵素的催化作用，在促进身体新陈代谢、分解体内垃圾的同时，也解决了我们美容养颜、减肥瘦身的烦恼。这种天然物质，能够帮助我们及时排出体内的毒素，分解、燃烧脂肪，并维持体重。因此，酵素的确是一种功能强大的天然物质。

为什么日常生活中，大多数人都缺乏酵素？

原因一：饮食习惯

酵素大多存在于蔬菜和水果当中，肉类、鱼类和牛奶中也含有一定量的酵素。然而经过 47℃以上高温，酵素就会失去活性。而现代人的饮食却主要以熟食为主，破坏了食物中原有的酵素，从而使身体不得不消耗体内的天然酵素。日本之所以能够成为世界上最长寿的国家，与日本人喜欢生食食物的习惯密不可分。

原因二：生活习惯

随着现代工业的快速发展，环境污染的问题日渐严重。而日常的饮食中，农药残留和食品添加剂的问题也屡见不鲜。再加上快速的生活节奏，巨大的工作压力，人体内的酵素会迅速被消耗掉。

原因三：自然老化

人体是靠胰脏生产酵素的。然而随着年龄增长，35 岁之后，身体自身产生的酵素将会难以满足日常新陈代谢的需求。而通过外部摄入的营养物质既不容易消化吸收，数量也有限，因而使得体内的酵素逐渐减少。

体内缺乏酵素会给身体带来沉重的负担，导致身体出现机能减退、免疫力降下降，消化不良等问题，甚至会导致早衰、内分泌失调、肥胖、皮肤老化、心脏血管病变等症状。

如何补充酵素？

1. 多吃新鲜的蔬菜和水果。上文提到过，新鲜的蔬果当中富含大量酵素，对人体有益。通过食物补充酵素，可以减轻体内生产酵素的负担。但是在选择蔬菜和水果时，一定要选择应季的时蔬鲜果。

2. 养成健康的饮食、生活习惯。吸烟、酗酒、大鱼大肉等不良习惯，都会大量消耗人体内的酵素，造成浪费。所以，日常生活中，我们要有意识地改正不良的饮食、生活习惯，帮助身体时刻保持在最佳状态。

3. 补充酵素制剂。现在欧洲地区正在流行补充酵素，这种制剂并非药物，而是一种营养品。有报道称，96% 服用过酵素制剂的人认为酵素功效惊人，能够使人保持精力充沛，心情舒畅，并且对眼睛、头发以及指甲有养护的作用。

睡出年轻好气色

坦白说，我并不认为自己属于那种每天花费大量时间保养皮肤的女性。但是得益于有效的方法，我总是能够收到来自同龄人的称赞。前面提到过的，无论是通过饮食补充营养，还是在日常的护肤过程中应用一些小窍门，都是轻而易举就可以做到的保养方法，而这一章，我会告诉你们一个更加简单的方法，轻轻松松在睡梦中让青春留驻。

我们都知道，夜晚是深度睡眠的时间。进入深度睡眠之后，大脑会通过神经中枢调节各种组织细胞的代谢活动，帮助修复细胞损伤，并使组织功能一直保持在完整状态。因此，睡眠是修护皮肤甚至维持健康的有效手段。良好的睡眠能够帮助皮肤保持通透有光泽，抵御皱纹生长，延缓衰老。当然了，在身体利用睡眠自行保护肌肤的同时，我也会做一些准备工作，为修护过程保驾护航。

晚餐决定“美容觉”的质量

1. 维生素 C 和胶原蛋白是皮肤的天然养料。如果晚餐时段能够充分补充这两种物质，那么皮肤将会更加容易恢复弹性和光泽。能够从天然食物中补充营养最好不过，如果没有，口服维 C 含片也是不错的选择。

2. 尽量少吃或者不吃辛辣的食品。这种食物会使皮肤中的水分大量蒸发，不利于锁住肌肤水分。

3. 饮料选择水或者果汁。晚餐时段应尽量避开含酒精的饮料，因为过多酒精会影响皮肤对护肤品的吸收，使夜间修复大打折扣。

4. 睡前饮用半杯温牛奶。牛奶不仅能提高睡眠质量，也能充分滋润肌肤。

把好 6 关，轻松好眠

清洁是护肤的好帮手

前面曾经提到过，清洁对皮肤来说至关重要。略过这一步，污物会堵塞毛孔，阻碍血液充分到达皮肤表层。残留在皮肤表面的化妆品还会给皮肤带来负担，使皮肤干燥。此外，进入睡眠状态时，为了降低体温，身体会不断排汗。如果不做清洁，排汗过程中脸上的脏东西和皮肤分泌出的油会吸附在枕巾上，对脸部形成二次污染，导致生长粉刺和痤疮。因此，睡前的卸妆和清洁工作必不可少。

睡前的肌肤“正餐”

清洁过后，皮肤的吸收能力正强，因此一定要给予肌肤足够的营养。在我看来，夜间补水是重中之重。不过做完面膜之后，也不要忘记涂一些晚霜，充分滋润肌肤。通常情况下，为了帮助皮肤充分吸收营养成分，我还会配合一些相应的按摩手法。按照从下巴到耳根、从鼻翼两侧到眼角、从额头中间到两侧的顺序，用手指的指腹依次进行螺旋状按摩。不要小看这些简单的动作，在舒缓肌肤、帮助肌肤吸收营养的同时，还可以提拉皮肤，起到紧实面部的效果，并能有效防止皱纹生长。

睡觉前，嘴唇和双手也需要格外注意。夜间正是防止嘴唇起皮的最佳时机。睡觉前，有时我会用砂糖在唇部轻轻摩擦，然后再涂上天然成分的润唇膏，这样一觉醒来嘴唇就会恢复光滑柔软。我一向注重保护双手，因此睡前的保养工作更加不会忽视。因为一整夜的时间，双手可以更加充分地吸收护手霜中的营养成分。

“一身轻松”，才能一夜好眠

我从不会戴着装饰物入睡，也建议你们不要这样做。因为睡觉时佩戴装饰物，会阻碍身体血液循环和新陈代谢，造成皮肤老化。

胸罩：根据美国夏威夷研究所的调查结果，如果女性每天佩戴胸罩的时间超过 12 小时，罹患乳腺癌的风险将会比短时间佩戴或者完全不穿胸罩的人高出 20 倍以上。所以，睡觉时摘下胸罩，给乳房一个“呼吸透气”的机会吧。

手表：我有许多朋友都习惯戴着手表入睡。但我却认为，如果无法整夜保持一个睡姿，戴着手表睡觉很可能对手表或者自身造成损害，也会影响睡眠质量。此外，表带覆盖在皮肤上会影响皮肤呼吸。因此，睡觉时最好摘下手表。

手机：手机辐射会影响我们的脑电波活动。有研究表明，手机辐射不仅会增加进入深度睡眠的难度，还会缩减深度睡眠的时间。手机释放出的辐射还有可能造成头晕、耳鸣、恶心以及睡眠障碍。因此，为了保障睡眠质量，最好将手机关机，放在远离床头的位置。

枕套也能呵护肌肤

如果不想在睡姿上委屈自己，那就换个光滑的枕套来保护柔嫩的肌肤吧。我知道，并不是每个人都习惯保持平躺的睡姿。但是侧躺却会因为脸部与枕头之间的摩擦导致皱纹丛生。我有一个简单方法可以解决这个两难问题——换一个光滑的枕套。这样既能让我们充分享受“自由”，又不必担心伤害肌肤。

让眼睛也充分放松

将用过的茶包敷在眼皮上，可以有效舒缓双眼肌肤。睡觉前我喜欢用手指轻轻按摩眼眶，帮助眼睛放松。需要注意的是，枕套上易滋生尘螨，从而导致双眼红肿，因此一定要定时更换枕套，给睡眠营造一个卫生、舒适的环境。

舒服的睡姿有助于皮肤保养

科学研究表明，裸睡有利于放松心情、消除疲劳，改善睡眠质量。生理学家经过研究发现，裸睡不仅能使躯体舒展，而且对身体健康有益。人体皮肤是面积最大的器官，具有调节体温、吸收营养、排毒、免疫、交换气体等功能。裸睡有利于增强皮腺和汗腺的分泌，有利于皮肤的排泄和再生，有利于神经的调节，还有利于增强免疫能力。

而最科学的睡姿则是仰卧。因为在仰卧时，我们的面部肌肉处于最松弛的状态，能够促进血液循环，使面部皮肤获得充分的氧气与养分，从而实现保养皮肤的目的。

良好的睡眠环境能提高睡眠质量

黑暗、安静和放松的环境是良好睡眠的重要保障。噪音不但能引起睡眠障碍，还会引发许多疾病，如高血压、神经衰弱，因此入睡时一定要把噪音降到最低，防止打扰自己的睡眠。适宜的温度是入睡的重要条件，卧室温度最好保持在 18℃—20℃之间。过冷、过热、潮湿或者干燥都会对大脑皮层造成影响，影响睡眠。而床垫则以柔软适中、睡着舒适为宜。

此外，新鲜空气是自然的滋补剂，它可以提供充分的氧气，刺激机体消化功能，改善新陈代谢机能，增强对疾病的抵抗力。而且，在睡眠中，我们的大脑需要大量氧气维持生理活动，而新鲜的空气能充分迎合它的需要，发挥睡眠的最大效能。

秀发篇

拥有一头柔顺有光泽的头发不仅可以体现女性魅力，也会让我更加自信。也许我的浅金色头发本身并不够理想，但我依然爱它们，并且对养护头发充满了热情。

我热衷于让头发时刻保持清爽和飘逸，因此平时十分注重洗护过程。不知道你们有没有这样的经验，为了解决头发油腻的问题而频繁洗头，结果却适得其反——头发非但没有变得干净，头油问题反而愈演愈烈。后来我才了解到，头发出油与头皮上的皮脂腺分泌有关，频繁洗头会刺激头皮，导致皮脂腺分泌物增多。所以，头发最多一天洗一次为佳。洗完之后，我还会在发丝上涂抹一些发油，增加头发的光泽度。

洗发之前先梳头

每天早上起床或者晚上准备入睡的时候，头发都会比较凌乱，因此我习惯先将头发打理柔顺。以我个人的经验来看，梳头应当从发梢梳起，最后再梳头皮。这样可以防止因为用力过猛扯掉头发。

用温水洗发

用温水洗发，可以将对头发的伤害降到最低。40°的水温刚刚合适，既不会因为温度过高，增加头皮油脂的分泌量，也不会因为温度过低，影响清洁头皮的效果。

使用护发素

在冲洗头发的时候，免难会有极少量的洗发液残留在发丝上。此时使用护发素可以保护头发免受碱性物质的侵蚀，只是涂抹时千万避开发根部位。定期更换护发素的品牌，可以使头发更加柔顺有光泽。

烫发、染发

我始终秉承的理念是：与其在发质变差之后寻找补救方法，不如防患于未然。一般我会在烫发、染发几周之前就开始防护，例如增加发膜的使用频率，延长护发素的使用时间等。充分做好头发的保护工作。我的洗护用品一般都是富含维生素 B、氨基酸和蛋白质的产品。烫、染之后，头发受损是必然的，此时一定要多使用一些护发产品，进行深度护理。给秀发作一个 SPA 也是个不错的选择。

美颈篇

光滑性感的脖子，是每个女性骄傲的资本。对平面模特来说，更是如此——决不能允许颈纹早早地出现。因此护理颈部皮肤也一直是我的保养重点。颈部皮肤比脸部皮肤还要薄，因此护理时一定要轻柔、仔细。清洁、滋润、去角质这些常规步骤都不能少。

滋润颈部皮肤

在我看来，颈部护理就是脸部护理的延伸。洗脸时，顺便用温和的洁面乳做一下颈部清洁就可以。如果有专门的颈部护理产品，当然最好。如果没有，将用于护理脸部的化妆水、精华以及乳液依次涂抹在颈部就可以。涂抹时，我还会做一些轻柔地提拉按摩，防止产生颈纹。

颈部也需要面膜的呵护

因为颈部护理是脸部护理的延伸，所以做面膜的时候，我会顺便让脖子也享受一下面膜的滋润——将多余的精华液均匀涂抹在颈部，并配合一些按摩。这样可以帮助颈部肌肤及时补水，防止老化。

颈部防晒同样重要

颈部本身皮脂腺分布不足，不易保持水分，所以更加脆弱。如果长期忽略颈部防晒，颈部皮肤就会因为紫外线的伤害，变得黯沉。因此，颈部也需要隔离霜和防晒霜的保护。涂抹时不要忘记颈部后方的部位，要做到美丽“无死角”。

定期按摩护理，防止颈部松弛

前面说过，随着年龄增长，肌肤内的胶原蛋白会逐渐较少。因此颈部也会随着年龄增长出现皱纹。为了延缓衰老，预防松弛，我会坚持按摩颈部。经常按摩可以促进血液循环，消除颈部疲劳，避免皱纹过早出现。

颈部按摩方法：先把下巴略微抬起，用食指、中指、无名指从锁骨位置起，由上往下用轻柔的力度按摩至下巴，然后用同样的手势环绕整个脖子进行按摩。

美手篇

如果我说，请不要经常洗手。即使你没有立即出声反驳，也一定会在心里反问：这样怎么可以？但是我还是要告诉你，随着年龄增长，肌肤水分流失，手部皮肤会变得干燥。因此平时生活中需要避免频繁洗手。

我从杂志中了解到，洗手液中的碱性成分会将皮肤表面正常分泌的油脂洗掉，造成手部肌肤干燥、敏感。所以如非必要我会尽量不洗手，并且洗完之后马上涂抹护手霜，滋润手部皮肤。做家务时，也一定会戴上手套，避免手部与清洁剂长时间接触。养护双手不仅需要做好防护，更得随时做好保养。

温水洗手防干燥

洗手时水温不宜过热，以 20°C—25°C为佳。过热的水会使毛孔扩张，蒸发热量时带走皮肤内的水分，使手部皮肤更加干燥。而且洗完手之后一定要及时涂抹护手霜，锁住皮肤内的水分。

手部防晒

为了防止手部出现皱纹和斑点，最好使用防晒指数大于或者等于 25 倍的护手霜。让护手霜在滋润肌肤的同时，帮助皮肤抵御紫外线的侵害。

手部护理产品

护理手部的护肤品需要富含乳酸（角质软化及保湿作用）、保湿尿素和天然有机酸。新泽西州皮肤科专家艾瑞克 · 西格尔表示，这些成分有助于保持皮肤湿润、柔软。

健康的指甲为双手增色

健康、饱满、整洁的指甲是双手一道亮丽的风景线。指甲需要定期修剪，最好每周一次。由于正常的指甲上覆有一层可防止脱水或开裂的自然油膜，因此在为指甲补充营养之前，应该先用洗甲水洗去这层油膜，然后用温水洗净指甲，在指甲上涂抹与维生素 E 充分混合的凡士林。涂抹完毕之后，带上一次性手套，外面再裹上热毛巾，静置 15 分钟。这样可以为指甲补充营养，增加光泽度，让指甲看上去更美观。

Tips

手部护理小贴士

第一步，软化角质。在温水中滴入适量橄榄油，将双手放入水中浸泡 10 分钟。等角质充分软化后，再使用专门的去角质产品，轻轻按摩整个手掌和手腕，尤其是指甲边缘，这样可以防止产生死皮或者倒刺。

第二步，手部按摩。去除角质之后，擦干双手，在手上均匀地涂上滋润程度比较高的护手霜，对手指、手心和手背进行全方位的按摩。按摩手指时，动作要轻柔，从指根到指尖，从掌心到手背，每一个部位都不能忽视。按摩完之后最好再戴上棉质手套，让双手充分放松。

第三步，细节滋养。滋养双手的时候，千万不要忘记我们的指甲。按摩完毕之后，再在甲床部分涂上一些养护指甲的营养物质，诸如护甲油、之前曾经提到过的凡士林与维生素 E 的混合物，或者护手霜，都可以。这样可以防止指甲干裂，还能让指甲看起来饱满、有光泽。

美足篇

护理肌肤最重要的就是从不忽视身上的任何一个部位。因此，现在我想与你们分享一下脚部的保养方法。

白嫩光滑的双脚是体现女人精致程度的重要标准。然而，脚部汗腺密集、出油量少，角质也是全身部位中最厚的，因此双脚很容易变得粗糙干燥。随着年龄增长，脚跟部位会出现越来越多的细纹，死皮堆积到一定程度之后，会出现干裂的状况，从而“出卖”你的年龄。那么，怎样才能呵护好双脚呢？

轻松保持双脚柔嫩光滑

第一步：软化角质

将双脚在热水中浸泡 10 分钟，软化角质。浸泡时，最好能在水中滴几滴薰衣草精油，帮助消炎杀菌。如果没有精油，倒一些牛奶也是不错的选择。牛奶可以帮助润滑脚部肌肤，还能起到美白的作用。

第二步：按摩脚跟

角质软化之后，在脚上涂抹一些磨砂膏，充分按摩容易堆积死皮的部位。脚跟部位可以用浮石轻轻摩擦，这种去角质的工具不容易磨伤脚跟，还能让这个部位变得细滑。有一点值得我们注意，清除脚部角质、护理足跟是一件需要长期坚持的事情，短期之内也许效果不明显，但是坚持下去，相信你一定能看到双脚的变化。

第三步：滋润双脚

清理完角质之后，擦干双脚，像保护双手那样，将润足乳涂抹到双脚上，每一个趾头一直到脚踝都要细细密密地涂抹均匀，然后配合适当的按摩。

呵护才是最好的养护方法

一、挑选鞋子的第一标准是合脚

相信你们都像我一样，格外注重鞋的外观造型。然而对双脚来说，舒适度才是首先需要考虑的因素。不舒服、不合脚或者质量差的鞋子，不仅会影响我们的走路姿态，甚至会引起多种脚部或者腿部的疾病。因此千万不要因为一时的喜欢而委屈了我们的双脚，也许这双鞋子还会对双脚造成难以恢复的伤害。请记住，透气性好、鞋跟稳固的鞋子才是最佳选择。

二、用合适的工具修剪脚部死皮

偶尔脚部可能会出现起皮的现象，这时候千万不要用手去撕扯。如果不慎弄破皮肤，很容易使伤口感染、发炎。因此一定要选择合适的工具修剪。事实上，脚部起皮大多是由于缺少维生素 E 导致的，所以我们应当在日常生活中注意补充富含维生素 E 的蔬菜和水果，或者使用一些滋润程度较高的润足霜。

三、避免长时间穿高跟鞋和凉鞋

高跟鞋会给脚部造成巨大的压力。穿上高跟鞋后，人体重心前移，全身重量会过度集中在前脚掌上，导致趾骨因为负担过重而变形，这不仅影响了关节的灵活性，而且有可能造成趾骨骨折。而凉鞋几乎使双脚完全暴露在空气中，如果长时间穿着，很容易造成脚部干燥。因此，一双好鞋，不仅应当拥有舒适度，还应当具有透气性，能在保护双脚不受外界伤害的情况下，呵护我们的脚部肌肤。

我的足部保养小贴士

1.沐浴之后最适合保养。洗完澡之后，毛孔充分打开，皮肤更容易吸收营养。这时角质含水量较高，如果在脚部涂抹滋润程度较高的保湿霜，就能够进一步维持角质层的滋润，使脚部柔软。

2.保养品选择得当能够加强滋养效果。有些保养产品中有含果酸、水杨酸、乳酸或尿素成份，这些成分可以加强去角质的效果；而乳酸钠、甘油、醣类及藻类萃取保湿成份就可以加强角质软化的效果。

3.保持脚部干燥。干燥的环境可以防止细菌滋生，因此穿鞋时一定注意保持干燥。

"逆生长女王"的专属护肤品

我在前文中已经与你分享了自己的终极除皱秘诀——凡士林和维生素 E。也许你会对我的秘诀嗤之以鼻，但只要能坚持使用一段时间，你就会发现它的强大功效，凡士林可是我祖母那一辈就开始使用的护肤品。凡士林能为肌肤提供天然的防护作用，相信这句话至少会让你在面对周围人鼓吹肉毒杆菌的功效时，转身走开。尽管有些朋友常常在背后嘲笑我的除皱方法，但是我依然爱她们。

在向你们推荐一些效果理想的护肤品之前，我想首先重申一下本书的主旨。这本书并不是专业意义上的美容书，而是希望在给你一些养护肌肤的建议之外，帮助你修养，让美丽由内而外自然散发。因此，修养身心也同样重要。书中最中心的一点就是简化生活，当我们将周遭事物简单化以后，就能找到内心的平和与安宁。探索内在、与"内在的你"对话才是我们共同的目标。所以我最大的希望就是帮助你在对自己感到不满之前，重新调整步伐，提高内在修养。

现代社会，女性面临的挑战日益增多。从做两份工作（当然也许只有一部分人是这样），到教育孩子，准备一日三餐再到操劳家务等，简直忙得团团转，什么时候才能有点属于自己的时间？

因此我希望你明白，我们也需要以自我为中心的时刻，需要提前在日程表上为自己留出时间。学着有条理地安排生活吧，按照轻重缓急有次序地完成目标。如果你想这周在沙滩漫步，下周和朋友见面喝咖啡的话，不妨赶紧写进日程表！

内心平和能为我们带来什么？我们的面部肌肉会放松。脸上因忧虑而产生的皱纹会消失。我们可以尽情深呼吸。内心的状态越平衡，我们感受到的精神压力就越小。为什么需要消除压力呢？因为压力会使我们产生皱纹。

所以，在结束了本章的“美丽旅程”之后，我建议你一定要看看心灵那部分的内容。因为心灵是你的真正本质。面容和表情都会忠实地反映出你的内心。所以请你知道，保持内心的平和太重要了。我们一定要学会关爱自己，用一种更柔和、更亲近的方式对待自己。只有内心获得关爱，找到平衡和宁静，我们才会散发出自内而外的美丽，这样，护肤品就像锦上添花，能够帮助我们进一步焕发肌肤的青春光彩。

在说到护肤品之前，还需要强调的是：护理皮肤最重要的事情就是清洁和保湿。睡觉之前必须卸妆，清洁彻底，阻塞的毛孔有碍皮肤呼吸。此外，时刻保持肌肤处于水润状态也同样重要。好皮肤的关键就是要保证皮肤干净、清爽，在保持湿润的同时不受外界有害物质的侵害。

我的专属护肤品

防晒霜：防晒产品我推荐玉兰油防晒保湿霜系列，价格在 8.5—16 美元之间。但是请务必注意，每个人的皮肤状况各有不同。举个例子来讲，就我个人而言，最需要防护的问题是长斑，因为我的肤色浅，如果有斑会很明显。所以每天早上我都会涂抹防晒霜。不是那种夏季阳光最强时候用的 70 倍高效防晒产品，而是质地比较轻薄，不油腻的那种。玉兰油防晒保湿日霜就是我最常用的一款防晒霜。别忘了把防晒霜涂在脖子和前胸裸露的部位。脖子也是需要保湿和防晒的区域。经常涂抹防晒霜是本书一条非常重要的保养技巧，也许在这之前你也曾听过要经常抹防晒霜的说法。那么只管照做吧，千万不要忽视这个建议。我们所做的每一个小努力都有助于避免紫外线的侵袭，让肌肤焕发青春之美。

友情提示：涂完防晒霜再化妆。这样又为皮肤提供了一层防护，对抵抗紫外线起到双重作用。

修复皮肤损伤的抗皱保湿霜：跟大多数女性朋友一样，我在这种护肤品方面做过很多尝试。所以我推荐的这款绝对是最有效同时也是自己最喜欢的。你可能需要去网上或美容商店里购买这款产品。尽管购买过程会略显麻烦，不过拿到手之后效果一定会让你惊叹。说实话，在亚马逊网上商城购物挺有意思的。

我的第一推荐就是妊娠纹预防兼修护乳霜，价格在 17.49—19.99 美元之间。这款乳霜价格在 20 美元之内，与其他标价 100 美元左右的同类产品相比，价格相当实惠，并且效果也丝毫不会逊色。不要被“妊娠纹”几个字给欺骗了，它完全可以当做面部保湿霜使用，并且效果立竿见影。因为这种乳霜不像其他护肤品一样可以随处购买，每次用完一瓶后，我都想停用一段时间。但是往往停用一段时间后，我的皮肤都会变得偏干偏涩。让我不得不战胜懒惰，赶紧再买一瓶坚持使用。这是我目前最中意的保湿霜了，因为这个产品能有效改善皮肤结构，每次涂抹完之后脸摸上去都像丝绸一样滑。我一般会在睡觉前擦一次，然后早上起床之后在抹防晒霜之前再涂一次。要知道，自然的力量能把坚硬的岩石都劈开，我们娇嫩的皮肤必须精心保护，因此选择合适的保湿霜对护肤来说是一项十分重要的工作（该产品网上评价很高）。

猜猜我是如何发现这款产品的？是我妈妈告诉我的。有一次她专门打电话过来，告诉我她在美容产品商店发现了一款保湿产品，用了一阵子之后发现效果极佳，因此向我极力推荐。她甚至特意给我寄了一瓶。然后我就爱上它了。它就放在我的化妆台上，和凡士林、防晒霜整齐得摆在一起。

保湿产品的第二选择就是小蜜蜂焕彩晚霜，价格为 17.99 美元。这种晚霜在药店就能轻易买到，效果也非常好，是妊娠纹预防兼修护乳霜之外的最佳选择。这个产品在网络上的评价也相当高。我曾经看到某位女士在评论中表示，她用过一些价格上千美元的护肤品，但是效果都没有这种晚霜好。我完全赞同她的说法，因为我也试过昂贵的面霜，效果确实没有那么明显。发现小蜜蜂焕彩晚霜其实也是机缘巧合，是四年前我在家附近的健康食品店购物时，无意中发现的。用过一段时间之后我发现，它比我以前用的价格昂贵的保湿霜效果好太多了。

除斑霜：除斑霜我推荐珀茨拉纳牌美白霜，价格为 4.99 美元。这种护肤品中含有 2%的活性成分——对苯二酚（美国食品药品管理局认定对苯二酚能有效防止皮肤黯沉）。市场上的除斑产品价格一般都在 60 美元以上。所以，能发现这个物美价廉的护肤品真是一件幸事！如果你肤色不均，或者脸上有褐色斑点，我推荐你使用这个产品。脸上斑点不停增加实在是一件烦心事，这一点我感同身受。不过幸运的是，我找到了适合自己的产品。尽管包装上建议一天涂抹两次，但我发现使用频率略高的话，它的确能达到你想要的效果。

因为我的肤色偏淡，所以经常会搜索除斑的良方。当时在药店买东西的时候，刚好它就在我的手边，于是我顺手买了一瓶。没有想到效果如此明显，现在想想真的挺幸运。

任何产品你都需要坚持使用，它的效果一段时间之后才能显现出来。这个美白霜我已经使用了两年，绝对是化妆台上必备的除斑产品。

泥面膜：我推荐海伦皇后冰霜薄荷泥面膜，价格在 4.5—8 美元之间，这种面膜可以防止皱纹生长并且有助于防止粉刺。网上商城和美容产品商店均有售。（这个秘方我用了好多年！）

除此之外，菲俪蔓鳄梨 & 燕麦面膜的效果也非常不错。这种面膜在普通的化妆品商店就能买到。

速效美黑霜：欧莱雅仿晒凝胶（中级、天然日晒），价格为 8.49 美元。当然了，你可能不需要这种化妆品。也许你的皮肤是健康的深橄榄色，但是我的肤色天生有些苍白。因此，我会在重要活动或女友午餐会前一天用这款凝胶弥补一下我的缺点。我想告诉你，它不会让你的皮肤变黄，绝对不会。随着时间推移，速效美黑产品的技术现在已经相当成熟了。市面上有许多效果不错的产品，不用裸身晒日光浴，就能让你的肌肤拥有仿佛被太阳亲吻过的健康肤色。我只在手臂、胸口裸露处和腿部用美黑霜。涂完后记得用肥皂把手洗干净。涂抹这种凝胶有个小妙招，就是在上面再涂一层护肤保湿霜，这样可以使美黑霜更均匀。这个产品中含有维生素 E，对皮肤有舒缓作用。其实原来我用的并不是这一款，常用的露得清美黑霜停产之后我才选择了它，结果实践证明效果确实不错。

角蛋白护发素：我的首选产品是伦普尔自然派巴西角蛋白洗护 14 天柔顺护发素，价格在 5.99—8.99 美元之间。还记得电视剧《老友记》里面女演员们那一头光亮、柔顺的头发吗？她们的秀发看上去是那么健康，让整个人都焕发出一种自然的魅力。究竟是什么方法让头发这样飘逸而有光泽呢？其实和其他好莱坞的女星一样，她们总是能够首先接触到最新的产品。她们健康的秀发源于当时一种刚传入美国的护发产品——角蛋白护发素。尽管我们这样的普通人消息要滞后许多，但是现在我们同样也能买到这种护发素，能够拥有漂亮、健康的头发了。

好吧，我知道介绍产品功能之类的内容会比较枯燥。但是如果你正在为生来就干枯毛燥的头发而烦恼的话，这款产品绝对会帮你一劳永逸地解决问题——就像是秀发的青春之泉。说法可能是有些夸张，但是我第一次接受巴西式头发护理时就的确产生了这样的感受。回来之后我就做了一些相关调查，发现自己在家也能够做同样的护理。选择护发产品的关键在于成分里“不含硫酸盐”。我推荐“伦普尔自然派”这个牌子。用了这款护发素之后，我的头发健康多了。如果你不喜欢头发太直，可以在晚上洗头、睡觉的时候松松地扎个丸子头。早上起床时把头发拆掉，你的头发就会呈现出一点卷曲度，很漂亮。

以上就是我全部的产品建议。试试吧，都是我亲身体验过效果之后才推荐的，大部分产品很容易就能买到。所以说，养护肌肤，维持年轻状态就这么简单。

正如托马斯 · 摩尔在《关怀心灵》一书中所说：

关怀周遭事物，关注家庭的重要性，合理安排日常时间表，甚至注重穿着打扮，就是关怀心灵的方式。

因此，往自己身上投资更多的时间和精力，使自己变得更美丽、心情更明媚，同时也能给心灵给养做出小小的贡献。毕竟，你是自己的全部。为什么不让自己一直保持最美的形象和最灿烂的心情呢？

友情提示：如果你在超市或者化妆品店找不到我推荐的产品，可以到信誉较高的网店购买，价格相差不大。

多吃少动好身材

>> P A R T 3 <<

吃减肥食品的唯一机会就是在等待牛排的空当。

人人都是美丽俏佳人

年纪轻轻就进入模特行业既有好处也有坏处。想象一下这样的生活：你必须不断地称体重、测量身体尺寸，生怕因为身材变化而丧失工作机会；你与一群年轻漂亮的女孩子站在一起，这里面可能有人比你更纤瘦、更高挑、更性感，甚至长得更漂亮。这些画面就是我早年模特生涯的真实写照。

当我的朋友们都热衷于照美黑灯，每半年就换一次新发型的时候，我的经纪人却把这两件事情列进了黑名单，坚决反对我这么做。不止如此，我的饮食受到了严格控制，并且还需要在拍照时展现出更多健康元素来。

20 世纪 80 年代末期的时候，我才只有十几岁。当时流行的模特体型是 4—6 号，骨瘦嶙峋已经过时，曲线美正流行。当时很受欢迎的代表模特有：克里斯蒂 · 布琳克莉、宝丽娜 · 波利斯科娃以及辛迪 · 克劳馥。青少年时期，她们对我来说就是美丽的象征。所以，当我谈到苗条身材时，我指的并不是像当下的年轻模特那种瘦骨嶙峋的身材。最近的一项研究显示，现代超模与 90 年代早期的超模相比，体重平均要轻 23%。在这一部分的内容中，我会通过与一位医生的访谈内容告诉你，就你的身高来讲，最合适的体重以及身材比例是什么。

因此，我的健康理念与众不同。一个身材极为瘦削，嫁给镇上整形医师的人，在我看来不一定健康。我的身体自己掌控，不能任由他人做主。健康并不意味着单纯追求身材纤瘦，而是一门关于身体保养和饮食的学问。这并不是说只吃无麸质食物或者有机食品。每个人的健康状况都不一样。我在本书中给出的健康理念已经经过证实，对许多人都有实质性的效果，希望它对你也能够有所帮助。我会与你分享一些简单的膳食营养补充剂、健康的饮食方式，还有简单的健身流程帮你节省每天消耗在健身房的时间。只有健康的体魄才能支撑你的灵魂和美丽的外表，因此，健康就是保养身体，使其与心灵完美融合。如果健康状况不理想，你的心灵也会遭受痛苦，美丽更无从谈起。但是健康也并不是让你吃特效减肥餐，每天只吃苹果或者面包、汉堡一概不准碰。茱莉亚·查尔德曾经说过："吃减肥食品的唯一机会就是在等待牛排的空当。"这句话很生动地概括了大多数人听到"减肥"时的心理反应。

茱莉亚·查尔德可能不是健康达人，但她是闻名世界的烹饪大师，她给美国的女性朋友带来了一股法国风潮，教大家毫不费力地就能将鸭子去骨。我想说的是，真正的食物对健康是有益的。

也许你是一个严格的素食主义者，或者有选择性地吃素。再或者你是一个果食主义者，只吃树上长出来的东西，而且提倡生吃，因为在你看来烹饪素食也是一种杀戮。

这些都没有关系。我的建议只是让你抛开那些减肥代餐食品，开始吃天然的食物。我只是建议你采纳一个在实践基础上得出的健康生活方式，用天然美味的食物吃出健康好身材，并且在 20 天内就收到成效。这种生活方式里面既没有奶昔也没有加工过的速食品。如果你学会如何改变生活方式，每天摄取更均衡的营养，那么不仅气色将有所改善，还能收到减肥的效果！最棒的是，这种健康的生活方式，见效非常快！

关于健康，阿尔伯特 · 爱因斯坦曾经说过：“魔鬼给我们人生中每件热爱的事物都下了诅咒。我们要么遭受病痛，要么心灵受创，要么身材走样。”

我的问题是，当你读到这句话的时候，对它认同吗？如果你也这样认为，那么就是将自己的思维局限在一个狭窄的空间里，错失了在优化健康状况的同时感受快乐的机会。思想有多远，我们就能走多远。如果你现在主动出击，将追求健康作为当前的首要任务，你就会发现这句名言其实是有误导性的。在 30 岁中旬的时候，我到处求经问道，开始追求健康的饮食习惯。根据我的经验来讲，对自己感觉良好并拥有傲人的身材，并不需要痛苦的过程。

为什么我们必须遭受痛苦呢？如果你能够找到改善心理健康和外在容貌的方法，每天按照这个方法行动，那么根本就无须感受痛苦。

选择权在你手中。问题在于，在选择吃什么食物之前，你是否会优先考虑自己的感受？

在此明确一点，尽管我的健康食谱简单易行，但是仍然需要你付出一些努力。可能你需要改变日常的饮食习惯。可能需要你进行适当的心理调节从而改善健康状况。当前美国的肥胖人口逐年增加，因此，重视自己、主动追求更健康的生活方式刻不容缓。

我分别采访了三位医生和一位营养学家。在访谈中，他们将自己的专业知识、对健康的态度以及业内的研究悉数介绍给我们，也许你会从这些访谈中有所收获，找到自己一直苦苦追寻的答案。

以下是我将在这一部分介绍的主要内容，这些改变生活的健康生活方式能够帮助你增加幸福感。

◆ 一种可以延缓衰老、提高机体免疫力并且改善心情的活性分子。

◆ 一种有益健康、抑制体重增长并稳定血糖的醋。

◆ 一种能改善大脑机能，抑制体重增长并滋润肌肤的营养补充剂。

◆ 一种从一份行之有效的减肥食谱中总结出的生活方式。我会在与《纽约时报畅》销书作者麦克·莫雷诺的访谈中公布这种生活方式。

◆ 15 分钟甚至更短时间的哲学助你瘦出小蛮腰。

◆ 注射哪些针剂是必须的，它们可不是为了除皱。

◆ 故作优雅与健康，你选哪样？

◆ 告诉你美味又健康的食物有哪些，还有哪些饮料不能喝，可以用什么样的饮料代替。

我还采访了许多其他优秀的专家。作为一个已经跨过 40 岁门槛的女人，我感觉相当美妙。原因就在于我多年来每天都遵循的健康生活方式，只做对身心有益的选择。早期模特生涯中对体重和身材的关注，使我明白了“生活方式”会影响一个人的外貌。我会在随后的章节中与你分享一些小秘诀，告诉你这些积极的选择是如何改善了我的健康、幸福感以及心情的。

我也会分享自己体重增长的经历。但是在那个时期，我并没有进行大量的运动甚至疯狂节食，而是用一种轻松简单的方式恢复了体重，这些方法我都会在这部分中一一公开。现在 41 岁的我比 25 岁时感觉更好了。时光的确在不断流逝，但对我们来说，最重要的问题是，自己应当选择哪条路走下去。正如健康专家帕特里夏·布拉戈医生在她的书中提出的问题：“你是走在健康长寿的道路上，还是走在体弱多病的道路上？”要知道，每个人只有一个身体。所以一定要好好保持健康！

在加利福尼亚的兰乔圣菲镇，我无意中发现了一家精致的二手书店，叫做“书窖”。对于读书我有一种疯狂的热情，并且对纸质书有特殊的偏好，因此发现这间书店对于我而言，就像发现了一个秘密宝藏。于是我每周都会来这里逛逛，享受片刻内心的愉悦。这家书店位于镇图书馆的旁边，门口有个小小的红色雨篷，店面小巧而整洁，整家店都弥漫着一股安静平和的气息。书店会将所有新到书籍的名字分门别类地列出来。通常情况下，我会先浏览一遍书目，找找是否有我喜爱作家的新作，比如美国作家露安妮·莱丝、爱丽丝·霍夫曼，还有爱尔兰作家梅芙·宾奇、凯特·凯利根。有一段时间，我读完了梅芙·宾奇的所有作品，然后又一口气读完了爱丽丝·霍夫曼的五部小说。阅读能带给我心灵上的快乐，使我与内心对话，找到安宁的灵魂。然而我从来没有想到，这间书店还会为我打开一扇通向健康之路的大门，让我在健康方面有了重大发现。

在书店的健康专区，我碰巧看到了一本由罗素·J. 瑞塔尔与乔·罗宾森博士所著的书，封面亮蓝底纹上的标题是四个白色的大字——“褪黑激素”[1]。

标题下面写着几条重要的宣传语：

◆对抗衰老

◆提高机体机体免疫力

◆降低癌症与心脏病风险

◆有助于睡眠

我知道现在你在想什么。我也是因为同样的原因拿起了这本书。理由很简单，这四点要素简直太吸引人的眼球了！不过，就像你和世界上其他人一样，最初我也以为褪黑激素仅仅是一种能改善失眠的非处方药。

但是在我停止服用褪黑激素之后，我的想法彻底改变了。其实我这个小说迷之所以会购买这本书完全是因为当时我刚刚听说“褪黑激素”这个概念（我知道，褪黑激素已经流行好久了。我有点滞后，可是不是有句俗话吗？亡羊补牢，为时未晚）。当时，恰好我先生在药柜里备着一瓶褪黑激素，我就开始服用了。借着褪黑激素享受了几晚好眠之后，我就开始坚持每天服用。结果怎么样呢？我感觉好极了。但是一直到我不再每天服用褪黑激素，我才意识到当时的状态完全是它在起作用。我终于知道，褪黑激素能使我的心情、心态乃至整个人都更加平衡，各方面都有所改善。所以我购买了自己的第一瓶褪黑激素。唯一的不足是，当时我并不清楚它除了能提高睡眠质量之外，是如何影响我整个人的状态的。我原本以为褪黑激素的作用仅仅是有助于睡眠，但事实证明我的想法是错误的。

---

[1] 褪黑激素俗称“脑白金”，是人脑部深处像松果般大小的“松果体”分泌的一种胺类激素，所以有人叫它“松果体素”。

没错，褪黑激素确实能够有效提高睡眠质量。但是那一天，当我看到这本揭示褪黑激素神奇功效的书，内心忽然产生了一种强烈的感觉，觉得它能解答我长久以来的疑惑。

打开《褪黑激素》这本书，我在目录页看到了这些标题：

◆ 认识褪黑激素：它有什么作用？

◆ 最好的抗氧化剂：提供卓越保护，对抗危险的自由基

◆ 一种主要的性激素

◆ 提高机体免疫力

这只是其中一部分标题，每多看一行，我的惊讶就多一分，整个嘴巴情不自禁地张大成“O”形。它们让我产生了一种即将发现重大秘密，从此人生焕然一新的感觉。你一定会感到很惊讶。果真如此吗？不就是褪黑激素吗？难道不是一种有助于睡眠的药吗？是的，褪黑激素确实能改善睡眠质量，但是它的作用远不止如此，它还有很多其他方面的功效。在罗素 · J. 瑞塔尔与乔 · 罗宾森医生所著的这本书中，我了解到褪黑激素不为人知的一面以及这些功效背后的科学解释，这些新的发现让我激动不已。自那之后我就总是随身携带这本书，并且每天都给父母打电话提醒他们定时服用褪黑激素。通常情况下我都没有这么霸道。但是在对褪黑激素的狂热追捧下，这种强势也成了一种必然。

我甚至把《褪黑激素》这本书当作圣诞礼物送给了父母，希望他们能多了解一些这种激素的好处。我认为自己有必要把褪黑激素的益处与他人分享，因为它实实在在地改变了我的生活。你一定能想象，当我打开母亲的药柜，在润肤霜旁边发现一小瓶褪黑激素的时候，内心是多么欣喜若狂。

关于褪黑激素是怎样大幅改善我的健康状况的，我来做一番简单说明吧。

褪黑激素是我们大脑中的“松果体”分泌的一种胺类激素。这种天然激素对人体细胞有着至关重要的影响。瑞塔尔博士的研究表明，重要细胞大量消亡会导致人体死亡。因此褪黑激素对生命有益。此外，这种激素还是一种抗氧化剂，能够帮助人体对抗疾病与毒素的侵袭。然而随着年龄增长，人体内这种激素会慢慢变少。

我终于知道，自己的身体状态突然像年轻时一样焕发出活力，整体感觉良好完全都归功于褪黑激素。有人知道这种膳食营养补充剂是人体脑部天然产生的激素吗？在这之前，我是真的一无所知。我情不自禁地感慨，要是我十几岁的时候就在生物课上学到这个该有多好！当然了，大概青少年时期的我对褪黑激素这种东西也不会太感冒。如果你现在已经有所了悟的话，就赶快采取行动吧！随着年龄增长，褪黑激素分泌减少，我们确实应该适时补充这种天然激素。实践已经证明，褪黑激素能够预防癌症、低血压以及糖尿病的侵袭，与此同时，它还能有效改善我们的睡眠质量。

也许我平时服用的褪黑激素剂量太小，在外人看来效果没那么明显。我曾经用了半年时间向父母和身边所有朋友倾力推荐褪黑激素，到处宣传它的好处和功效。然而，我有个朋友是这样回答的：“谢谢，但是我晚上睡得挺好的。”

我必须强调的是，褪黑激素的作用并不仅限于改善睡眠。只要你愿意主动了解，这种激素的知识触手可得。如果能够学以致用，坚持服用，你的健康状况一定会大幅提升。这也是我在本书的健康部分开篇就推出褪黑激素的原因。我非常清楚，一旦停止服用褪黑激素，我的免疫力、身体整体状态以及心情都会一落千丈。其实，褪黑激素就像你平时吃的处方药，只要在每晚睡觉前两小时按时服用就可以了。

我建议你去药店购买这种激素时，一定要仔细阅读说明书，选择适合自己实际情况的褪黑激素。买单纯的褪黑激素就好。我选用的品牌是莱萃美，每天大概服用 3—5 毫克。你可以挑选适合自己的品牌和最佳剂量。

就在筹备本章内容的时候，我有幸征得瑞塔尔博士的同意，对他就褪黑激素的研究进行了相关采访。本章中将公开我与博士访谈中的三个重要问题，并在博士本人的授权下，引用《褪黑激素》一书中的部分内容。这本书曾经开启了我人生的新篇章，希望这些内容也能对读者朋友们有所帮助。如果你心存疑问的话，我可以负责任地告诉你：褪黑激素没有任何副作用，请放心使用。你想用它提高睡眠质量，绝对没有问题，这还只是它的主要功效之一呢。

明天你打算做什么呢？没什么特别的安排，就去药店买褪黑激素吧。特别是那些年过 40 的人，不要犹豫，赶紧去买。非常感谢瑞塔尔博士，是他投入巨大的精力帮助我们发现一片小小的激素竟能够带来如此大的功效。褪黑激素能使我们在年龄增长的同时保持青春活力，生活热忱以及饱满的热情。

褪黑激素

问：是什么原因让您投入如此多的精力研究褪黑激素呢？

瑞塔尔：还在马里兰州埃奇伍德兵工厂的医疗服务机构工作时，我就开始了褪黑激素的研究。那时候科学界刚刚发现这种分子，我们的研究内容是，观察这种分子对太空项目是否有帮助。从那时起，我就为它的神奇功效深深着迷了。即使到今天，我仍然认为研究成果只是发现了它的冰山一角。

问：除了能提高睡眠质量外，对于 40 岁以上的人来说，褪黑激素还有什么功效？

瑞塔尔：提高睡眠质量只是它众多功效中的一种。众所周知，生物节律对优化健康有着至关重要的作用。褪黑激素能够通过作用于大脑中的生物钟，有效帮助我们有效调节生物节律。更厉害的是，褪黑激素是一种很强的抗氧化剂，能够保护细胞免受自由基的伤害。自由基是引发许多疾病的根源，尤其当人步入老年之后，这种不良影响会更加严重。它会引发诸如动脉粥样硬化、老年痴呆、皮肤疾病、高血糖症、炎症、白内障等。

问：自从两年前开始服用褪黑激素后，我发现自己的皮肤状况改善了许多。请问褪黑激素对抵抗衰老有何效果？

瑞塔尔：皮肤状况改善源于褪黑激素的抗氧化作用。皮肤问题，例如鱼尾纹就是自由基进行破坏的结果。现在市面上有许多护肤产品都含有抗氧化的褪黑激素。

褪黑激素小贴士

褪黑激素能够帮助我们有效入眠并抵御疾病侵袭。但是随着年纪的增长这种天然激素的分泌会有所减少。

褪黑激素是一种天然的抗衰老激素。

褪黑激素能提高机体免疫力。

向亚健康说"不"

30 岁中旬的时候，我非常热衷于去健康食品店购物。这种商店会让人产生一种"我吃的都是健康食物"的良好感受。你知道这种商店，就是有一个巨大的收银台，店员戴着白色的串珠，穿着绿色的围裙站在收银台后面。每当有客人点单，店员们就带着骄傲的表情，按照顾客需求将各种水果和蔬菜混合后榨汁。如果你讨厌吃肉，那么可以在这里买到切成薄片的素食午餐肉。店内的架子上还有摆放整齐的罐装坚果，可以自己任意挑选，然后在柜台称重。蔬菜区会提供免费试吃，从有机柑橘到墨西哥玉米片做的新鲜沙拉，应有尽有。

每当结束一周繁忙的工作，我总是喜欢去健康食品店犒赏一下自己。就是在那里，我发现了人生中最重要的健康秘诀之一——苹果醋。说起来，我与苹果醋的不解之缘完全归功于免费试吃活动，否则我真有可能与它擦肩而过。那天，经过店员对苹果醋功效的一番简介之后，我抱着尝试的心态买了瓶布拉戈牌苹果醋。

没想到自此之后就一发不可收拾，苹果醋成了我冰箱中每周的必备饮品。只要我能记起来，每天早晚都会分别喝两勺。我还很清晰地记得刚开始喝苹果醋那一周的感受。毫不夸张地说，我那时就像“女超人”一样精力充沛，生活完全进入了活跃状态。苹果醋不仅使我精力充沛，还令我的头脑更加清醒，反应更加迅速。当时我克制不住内心的欣喜，立即向好友们分享了这项新发现。不过就像当初的褪黑激素一样，我并不清楚它为何会对身体健康有如此积极的功效，但是苹果醋对我的影响却是实实在在的。于是我开始在网上和书店里查找资料，尝试找到苹果醋使人恢复青春活力的原因。我在资料中发现，公元前 400 年希波克拉底就开始使用苹果醋治病了。希波克拉底是希腊的一位名医，被誉为医药之父。就像现代医学用抗生素来消灭细菌一样，他用苹果醋来治疗疾病。

以下内容来自帕特里夏·布拉戈博士的书《苹果醋：神奇健康系统》。这些知识会让你对苹果醋有更加全面的了解，同时让你明白为什么苹果醋是我们日常生活必不可少的健康饮品：

◆ 有效恢复肌肤年轻状态，找回身体活力。

◆ 有效控制体重。

◆ 助消化，助吸收，平衡体内 pH 酸碱值。

◆ 能杀灭病毒、细菌以及霉菌。

◆ 帮助身体排毒，缓解鼻窦炎、哮喘、流感患者呼吸不畅的症状。

◆ 延缓衰老。

◆ 调节钙代谢。

◆ 抵抗关节炎。

◆ 消除痤疮。

◆ 预防糖尿病。

（如果你想要了解更多关于苹果醋功效的科学论证，可以读帕特里夏·布拉戈博士所著的书。）

天然苹果醋的神奇功效多得数不清。当我对它的了解日渐深入时，我终于明白为什么服用苹果醋之后我整个人的状态会有如此大的改观。小到加快新陈代谢，大到稳定血糖值，苹果醋真的令我受益匪浅。因此，苹果醋绝对是本书最重要的推荐之一。但是请注意一点，苹果醋并不是普通的食醋。也许你会问一定要买布拉戈牌苹果醋吗？我的答案是，根据经验，其他品牌的苹果醋在味道以及功效方面都有所不及，所以本人并不推荐。你可以直接向厂家订购，或者去健康食品店购买。不要只是听过之后就作罢，去买一瓶尝试一下吧，试试每天都喝一点苹果醋的生活。对我来说，每天早上两勺苹果醋已经成为一种生活习惯。毫不夸张地说，如果整天在外忙碌又没有及时补充苹果醋，我立刻就会感到身体状况的不同。因此，每周我都会奔赴健康食品店，就为购买我最心爱的苹果醋。

为什么这么做？因为知识就是力量，既然了解到苹果醋的神奇功效，就没有理由放弃这个提升健康的机会。健康食品店里的其他产品都摆在布拉戈天然苹果醋后面。所以为什么不买品质最好的呢？在完成这本书的过程中，我十分渴望有机会采访帕特里夏·布拉戈博士。布拉戈博士是全球闻名的健康专家，除了提倡饮用苹果醋，她还致力于将重要的健康理念传递给他人。经过四个月的协调沟通，布拉戈博士最终同意了接受采访。你可以想象听到这个消息时令我有多么兴奋。（记住如果你真心想要做成一件事，那么一定要坚持，用不同的方法去尝试。）

布拉戈博士生机勃勃、充满热情的精神感染了成千上万的人。她的人格力量深深影响了我的人生，希望本章的内容对你的健康也有所帮助。

苹果醋

问：帕特里夏博士，为什么对于中年人来说，有必要将苹果醋添加到日常食谱中？

帕特里夏：苹果醋是一种非常神奇的健康饮品，对身体健康大有裨益。公元前400年，“医药之父”希波克拉底发现苹果醋能有效帮助身体排毒并能治病，因此而将苹果醋用于医疗用途。苹果醋是一种天然的抗生素和抗菌剂。它能消灭病原菌、病毒、细菌以及霉菌。苹果醋富含奇迹酶和钾，能有效改善消化与吸收功能。有胃食管反流病的患者饭前喝半勺苹果醋可以有效缓解病症。它还能缓解咽喉肿痛和喉炎，并且能清除身体内的毒素，降低胆固醇含量。

问：对于那些不习惯苹果醋口味的人，您有什么建议？您认为什么方式最有效？为什么？

帕特里夏：苹果醋是一种天然、有机以及原生态饮品，它非常神奇。你可以将一勺苹果醋与6盎司纯净水混合起来饮用，这样慢慢就会习惯它的味道。如果你嗜甜，可以往里面加点蜂蜜。我建议的食用比例如下：将1—2茶匙的苹果醋、1—2茶匙蜂蜜与8盎司的纯净水或蒸馏水混合后饮用。

下面是布拉戈苹果醋鸡尾饮料的配方：

1—2茶匙的布拉戈有机苹果醋

1—2茶匙的蜂蜜、龙舌兰花蜜或纯枫糖均可（选择性的，根据自己口味来定）

8盎司的纯净水或蒸馏水

说明：糖尿病患者请用两滴甜叶菊汁增加甜味。

问：您认为苹果醋对减肥有帮助吗？如果是的话，有益于减肥的方式和原因是什么？

帕特里夏：许多人都希望用自然的方式减掉多余的重量。苹果醋就是最佳选择。苹果中富含果胶，这种物质是苹果醋与减肥有着千丝万缕的联系。果胶是一种天然纤维，能够清理消化道。此外，苹果醋的酸性特质能够促进人体脂肪燃烧，从而达到减肥的效果。安·路易斯·吉特尔曼博士在她的书《消灭脂肪计划》中曾经介绍到，她做菜时会加入苹果醋调味。她发现添加苹果醋之后，人体可以更有效地消化食物、吸收营养和蛋白质，血糖值也变得更加稳定。将苹果醋放入沙拉、蔬菜味道会非常好。说实话，布拉戈苹果醋鸡尾饮料的味道，绝对值得一试。

问：我一周会服用16盎司的苹果醋，这个习惯使我感到十分健康，现在连感冒都很少得了。苹果醋也对免疫系统有好处吗？您认为中年人是否应该更重视疾病预防和身体保养？

帕特里夏：没错，苹果醋能使免疫系统时刻保持最佳状态。在我看来，每个人都应该重视自己的健康，特别是18岁以后。平时的饮食习惯、呼吸习惯、思想状况、所说的话都对自己有着重要的影响。

问：您认为有些中年人在饮食起居习惯方面犯的最大错误是什么？是“溜溜球减肥法”[1]？还是睡眠不足？或者饮酒过量？如果要您建议放弃一样来改善健康状况的话，会是哪一样？

帕特里夏：我认为每个人都应该是自己的健康专家。他们需要有这种意识——食物是身体的养料，它能带来健康，也能带来疾病。有相关人员做过一项研究，他们帮助一些八、九十岁的老人养成健康的生活习惯（包括运动和减重），结果一段时间之后，这些人都变得更加健康，整个人都年轻了许多。

问：您的气色看起来太棒了。这些年来您是怎样保养自己的容貌并保持年轻心态的？有没有什么秘诀与我们分享，帮助那些到中年没有安全感的人找回自信？

帕特里夏：我要对所有步入中年的女性说：忘掉年龄这回事吧！如果你整天担心时间流逝，这只会让你在年龄增长的同时心态也慢慢变老。我觉得自己一直是18岁。我每天都会运动，每周会抽出一天节食，靠8杯水度过24小时（其中3杯水里加

[1] 不当减重过程造成减肥反弹。

上2勺布拉戈苹果醋）。这么做是为了替身体排毒，这种方法可以让人永葆青春。所以我从来都没有发福过。你的腰围象征着生命长度和约会频率：腰围越粗，寿命就会越短！在吃任何东西之前，我都会问自己：“这种食物能带给我健康、精力和美丽吗？”每年我都参加同学聚会，然后在聚会上把布拉戈健康和健身系列图书送给同学们。令人伤感的是，现在一半的同学都已不在人世，而在世的人健康状况也十分堪忧：有的做了髋关节和膝盖置换；有的做了大手术；有的耳背眼花；有的四肢僵硬；还有很多过度肥胖。为什么呢？为什么会这样？原因就在于他们没有掌控好自己的健康。

人生最重要的事情就是每天都想办法使自己达到最佳状态。在日常食谱中加入苹果醋之后，我感觉身体更加有活力、头脑更清醒，连每天的生活都变得积极起来。所以我强烈推荐你们坚持饮用苹果醋。我亲身体验过，若是停用一段时间苹果醋，整个人的状态就会明显不同。因此请务必坚持下去！真希望我能早几年发现苹果醋这个健康助手。感谢帕特里夏接受我的采访！你是我们许多人的优秀榜样。饮用苹果醋这种小方法既不会花太多钱，还能实实在在地改善你的健康和心情。还等什么呢？

17 天打造完美身材

三十几岁的时候，我遇到了自己的理想型男人。约会初期，我们一起度过了一段非常愉快的时光。我们共进晚餐，一起享用美味的鸡尾酒，邀请亲朋好友来参加私人派对。不得不说，那段时间所享受到的爱情、激情、快乐以及精彩的聚会简直令我一生都难以忘怀。离开好莱坞之后，我就搬到了兰乔圣菲这个寂静的小镇，从没想过自己的生活还会如此丰富多彩。也是在这里，我开始了写作生涯，在一家当地的报纸上开辟了个人专栏。这段时间的生活让我觉得自己加入了那些追逐爱情的单身女孩，只不过少了摩天大楼的浪漫和昂贵的高跟鞋。可以说当时的生活方式相当放纵，我毫无节制地享受各种美食，品尝不同类型的美酒，最后的结果就是我的体重直线上升。

不过，当时我拒绝接受自己变胖的现实。我并不知道自己的确切体重，并且继续过着这种放纵的生活，直到婚期日益临近。是的，到了要穿婚纱的日子了。要知道婚礼照片对自己的灵魂伴侣来说可是要珍藏一辈子的。现在到了坦白的时候了，我就把当时的实际情况告诉你们吧，说实话，真有些尴尬。当时我在报纸上开辟了一个专栏，恰巧引起了当地一位医生的注意。他想办法联系到我，邀请我参加他的减肥项目。

是的，你听到的没错，减肥项目。听到这几个字，我简直尴尬万分。我最终还是去见了这位医生，然后意识到如果决定参加这个项目，我就要面临称体重的环节，并且必须经历一个非常令人难堪的过程（毕竟早些年我曾经做过模特，所以对我来说需要减肥是一件极其丢脸的事情）。所以我的最终决定是什么呢？我决定参加，决定接受现实面对我的体重。猜猜看，那 15 个月的幸福生活让我增添了多少体重？

整整 35 磅！

是的，千真万确。坦白说人要长胖实在是太容易了。特别是对那些年过 30 的人来说，如果饮食习惯不够健康，身材很容易走形。我只能放下骄傲，接受别人的意见，找医生咨询了有关健康饮食方面的事情。结果如你所料，我减肥成功了，在四个月的时间内甩掉了增长的肥肉，恢复了之前的窈窕身材。刚才没有说的是，其实即使是大吃大喝的那 15 个月里，我也一直在坚持健身运动。因为我的年轻丈夫有一副怎么吃都不会长肉的好身材，我觉得自己应该也没关系，于是跟着他享用了大量的快餐。

然而事实证明，我大错特错！

值得庆幸的是，婚礼前夕我减掉了 25 磅的体重，度蜜月之前又减掉 10 磅。减肥后我终于又穿回之前的比基尼了，自信也随之回归。从这个时候开始，我就将拍泳装照列为年度目标之一，时刻激励自己保持身材的最佳状态。

在参加减肥项目的过程中，我首先需要戒掉的东西就是——酒。减肥项目是在 2009 年举办的，那一年为我下半生的健康生活习惯奠定了良好的基础。我不仅成功减重，而且还建立了良好的饮食习惯，知道了对于不刻意保持身材就会走样的女人来说，什么该吃，什么不该吃。现在，我基本上不用刻意节食。现在社会上流行的减肥食谱中，由圣地亚哥的麦克·莫雷诺医生推荐的那一种和我当年的颇为相似。

莫雷诺医生是圣地亚哥的执照医师。同时，他专门为有减重需求的糖尿病患者提供治疗方案。出于医生的职业敏感，他对健康问题非常关注，甚至专门为此出了一本叫作“17 天减肥法”的书。这本书上架后受到广大读者的热烈追捧，并且很快登上《纽约时报》畅销书排行榜。所以，当莫雷诺医生热情地同意了我的采访要求时，我简直抑制不住内心的激动。在分享访谈内容之前，希望你能先称一下自己的体重。你最近一次称重是什么时候？你是否像当初的我一样，明知自己体重增加但是却不肯面对现实？体重增加没什么大不了的，不用害怕。好消息是，调整自己的饮食习惯和加强运动这些都是十分有趣的事情，同时也是帮助你重拾自信的有效减肥方法。

体重增加是导致人提前衰老的重要因素之一。所以，在即将步入中年或者已经身在中年时期的女性朋友来说，管理自己的体重具有极其重要的意义。对我来说，促使我保持身材的动力就是穿上紧身牛仔裤时的愉快心情。谁不喜欢这种快乐的感觉呢，不是吗？

现在回到莫雷诺医生和他那神奇的减肥食谱上去，这份食谱看起来更像是一种健康的生活方式，因为这上面并没有过分限制你的饮食。莫雷诺医生从健康的角度解释了管理体重的重要性。他在书中不仅告诉你应该吃什么样的食物，还罗列出了一些简单易操作的食谱和用餐计划，从而帮助你建立一种全新的健康生活方式。莫雷诺医生的首要建议就是尽量减少外出就餐，二是选择自己买菜亲自动手做饭。你也知道我曾经增重 35 磅的噩梦了，如果不想重温我的经历，就在选择食物之前，认真地为自己的健康和身材考虑一下吧。

莫雷诺医生成功激励了很多人，这其中就包括我的父母。我父亲遵循“17 天减肥法”瘦了 55 磅之多。我的父母不光减轻了体重，还从中获得了很多正能量。他们完全爱上了这种生活方式，完全没有一点儿减肥的感觉。这也是我向你们大力推荐这本书的原因。只有了解食物，学会正确的饮食方法，制订饮食计划，选择健康的生活方式，才能把自己从暴饮暴食、自我放纵的生活中解救出来。

17 天减肥法的功效

问：在《17 天减肥法》一书中，您建议读者坚持每天步行 17 分钟，早晚各一次。这件事听起来很容易做到。您认为对许多人来说，专门腾出时间来运动是否很难？如果是的话，您对那些很忙没时间做运动的人有什么建议？

莫雷诺：是的。在我看来，许多人都将生活繁忙作为逃避运动的借口。我知道时间很宝贵，有很多人工作之余还有兼职，甚至一人身兼数职。我在为病人治疗时，一般都会要求他们将注意力集中在自己能够完成的部分。

永远不要低估积累的力量。不要认为一点点努力或进步毫无意义。不管是在运动还是在节食方面，你做的任何一件小事、取得的任何一点微不足道的进步，对减肥来说都是有价值的。如果每天步行30分钟对你来说难以实现，那么就拆分成每天5次，每次6分钟，或者每天10次，每次3分钟。坚持下去，你一定会减肥成功。随着时间推移，这些活动会变得越来越简单，所以不要给自己太大压力。如果你这周的减重目标是两磅，即使减掉一磅也是好的，你总是会实现目标。重点在于你能够做什么，而不是你做不到什么，这样才能使你战胜阻碍成功坚持运动。

问：我的父母都在践行您的17天减肥法。他们很喜欢您在书中给出的用餐建议。在您看来，17天减肥法的成功，是不是因为它并不像传统意义上的减肥节食法，而是更像一种新的生活方式呢？

莫雷诺：没错。对于大部分的减肥计划来说，实行初期最大的阻碍就是“长期坚持”这个概念。其实，只要习惯了计划和安排自己每周的饮食内容，它就会变成一种生活方式，很容易适应并且坚持下去。我在这本书里面举出了许多实例，教你做出创意早餐、午餐和晚餐。这些小食谱让17天减肥法摆脱了枯燥的说教，变成一种有趣的实践过程，不知不觉就能使人在短期内减掉体重，并生活得更加健康。

问：您的减肥法分为4个周期，每周期17天。对于大多数人来说，17天内都可以坚持。当一个人遵循这个方法开始减重时，在第一个17天内，能马上感觉到的身体变化有哪些？

莫雷诺：说到立竿见影的效果的话，初次尝试17天减肥法的人，5—7天之内就能感觉到变化。他们会感到更加健康，精力更加旺盛，体重也会迅速下降。心情和整体的幸福感也会有所提高。参加我减肥训练的朋友们都会对短期之内取得的效果感到激动，这也提高了他们的减肥热情。每一点小进步都会让你充满力量，乐于改变饮食习惯和生活方式。

问：是什么促使您发明17天减肥法？您在圣地亚哥发起来一项“与医生一起行走”的活动，现在仍然坚持每周陪病人一起运动。您的减肥食谱和走路项目帮助了许多为了减重而挣扎的人，您对此有什么收获吗？有没有比较大的成就感？

莫雷诺：第一个问题的答案应该是我的糖尿病患者。我在圣地亚哥给糖尿病人制订的食谱效果显著，我在这个食谱的基础上发明了17天减肥法。我发起“与医生一起行走”的活动是因为我的一个患者没有锻炼身体的同伴了。她说那个同伴搬家了，我就提议自己每周二和周四陪她一起锻炼。护士做了一些传单分发出去，然后就有一些人加入了。我们每次有50—60人一起锻炼。作为一个医生，我对病人的情况十分关心，所以他们能够受到的积极影响甚至取得成功对我来说就是最大的奖赏，我为病人以及17天减肥法的受益者感到由衷的高兴。

问：对于那些从未管理过自己的体重和健康的人，您希望用什么话来鼓励他们开始行动？

莫雷诺：现在开始关心自己吧，这种关怀没有早晚之分，年龄大或小根本没有关系。只要为了改变做出努力，就会有所回报，你的身体会感到更加健康。每天腾出时间来做两次 17 分钟的运动，即使分散开做也没有关系。突破自己的心理舒适区，你就会给自己带来意外的惊喜。相信我，你不会后悔的。

当我们学会关怀自己，让自己达到最佳状态时，生活就会展现出最美好的一面。采访麦克医生的那一天我就产生了这样的感觉。我把他的书放在房间里触手可及的位置。书中那道帕玛尔干酪茄子的做法是我的最爱，吃起来味道堪比高级餐厅。茱莉亚 · 查尔德曾说过：“去学习烹饪吧！尝试一下新的菜谱，不断从失败中吸取教训，大胆尝试，最重要的是，在这个过程中感受快乐！”你可以将这个建议应用到减肥过程中。

身体只有一个，生命无法重来

请尽可能定时测量体重。在制订自己用餐计划的过程中享受乐趣。在决定自己的理想体重时，尊重现实结合实际。在定义什么叫做瘦的时候，可以参照 20 世纪 80 年代的超模标准，她们展现出来的是曲线美。在面对体重时，一定要诚实。因此，买一个体重秤，保持每月至少称重一次的频率。我们所有人都拥有超模一样的身材是不可能的，但是可以朝一个健康的体重努力，让我们为自己的身材感到自信。为什么不敢穿上自己最爱的紧身牛仔裤热舞起来呢？我就敢这么做！别忘了，身体只有一个，别让年龄再成为你体重增加的借口了，拿出行动来吧。重新审视自己的饮食习惯和生活方式，把自己放在第一位。

17 天减肥法大公开

☑ 周期一：蛋白质加速减重

本周期食谱：

蔬　　菜：竹笋、豆芽、白菜、芥兰、莲藕、四季豆、海苔、荷兰豆、菠菜、芹菜；

瘦蛋白质：鲶鱼、沙丁鱼、比目鱼、三文鱼、鸡胸肉、蛋（不超过两个）、蛋白（不超过四份）；

低糖水果：苹果、葡萄柚、橙子、桃、梨、枣、葡萄；

含益生菌的食物：低脂酸奶、养乐多、酸白菜、韩式泡菜；

友善脂肪（每日一到两大勺）：橄榄油、亚麻籽油。

第一周期是效果最明显的一个周期，大约能减掉 4—6 公斤的体重。这个阶段通过补充蛋白质的方式让脂肪燃烧，不会让你产生痛苦的感觉。蛋白质能够帮助燃烧脂肪，还能抑制食欲，避免暴饮暴食。

蛋白质帮助燃脂的原因有 6 个：

1. 消化蛋白质所需要的能量比消化碳水化合物或脂肪要

多。因此吃完蛋白质食物之后，身体需要燃烧更多的热量进行消化。

2. 人体摄入充足的蛋白质之后，会自动开启燃脂机制，分泌一种叫做“升糖素（glucagon）”的激素。这种激素可以促使身体将膳食脂肪转移到血液中，这样脂肪就不会在身体中堆积。

3. 摄取充分的蛋白质可以避免肌肉因快速减重而消失。而肌肉越多身体燃烧的热量也就越多，休息时也是如此。

4. 食用蛋白质有助于保持血糖平稳，防止精力大起大落。

5. 蛋白质可以激发甲状腺的活跃性，进而提高新陈代谢的速度（甲状腺的一项主要功能就是调节新陈代谢）。

6. 蛋白质能抑制食欲，避免我们暴饮暴食。

此外，这个阶段还需要大量摄入蔬菜和低糖水果，最重要的是坚持每天运动 17 分钟，加速身体排毒。加拿大一项研究指出：体重超重的人节食时，如果毒素释放到血液中，新陈代谢速率就会减慢。这就意味着热量的燃烧速率也会随之降低，这时没有被消耗的多余热量就会转化为脂肪，阻碍减肥的进程。

☑ 周期二：“隔日断食法”重启代谢

本周期食谱：

包括第一周期所有食物，另外加入瘦蛋白质：各式豆腐、豆浆、有机牛肉；

天然淀粉：毛豆、糙米（用糙米代替白米）。

在第二个周期里，你需要采用类似“隔日断食法”的方式来提高新陈代谢速率。也就是饮食按照奇数日和偶数日分开，奇数日采用第一阶段饮食法，偶数日采用第二阶段饮食法。“隔日断食法”的研究成果发表在《美国临床营养学》期刊上，它并不是真正的断食，而是采取第一日摄入高热量饮食，第二日摄入低热量的饮食这种方式交替进行的饮食方式。这种方式能够提高新陈代谢速率，减少体内脂肪堆积，从而避免出现瘦身停滞期。

说到瘦身，很多人总是联想到高强度运动，其实这并非必要。多摄入一些蛋白质，可以增加肌肉，使身体变成易瘦体质。减肥过程中，如果只吃蔬菜沙拉的话，的确会降低卡路里的摄入量。但如果卡路里摄入量过低，会让身体发出“可能会挨饿”的警报，从而降低能量消耗，并尽量存储脂肪，反而不利于瘦身。

☑ 周期三：达成目标

本周期食谱：

包括前两个周期的食物，另外加入天然淀粉：荞麦面、拉面、米粉、中式面条、乌龙面。

如果你已经成功地完成了前两个周期，那么进入这一周期的你身材应该已经见到成效，相信气色也好了很多。这个时期，可以大方地往菜单里加入新的食物，例如全麦面包、面条、点心、适量的脂肪，并适度饮酒。其实碳水化合物并不是瘦身的大敌，只要严格控制每天的摄入量，并且保证摄入时间在下午2点之前，就不会增为身体增加额外的体重。第三周期需要增加有氧运动量，如快走、慢跑、骑车或参加健身房的有氧课程等，记得把之前每天17分钟的运动时间延长到45—60分钟。

☑ 周期四：维持苗条

坚持到第四个周期的你已经成功瘦身成功，为自己尽情喝彩吧！这个阶段的你唯一需要做的就是保持身形，这时候要告诉你一个好消息和一个坏消息。首先说坏消息：为了防止丢掉的分量再次回来，你需要一直控制自己的饮食，好消息是：之前的努力让你比其他人更容易做到这一点。

当然，现在的你已经没必要对自己太严苛。可以适当“与自己的身体和解”，在工作日严格控制饮食的基础上，周末可以适当放纵一下，想吃什么就吃什么。这么做也可以让新陈代谢系统摸不到头脑，从而更好地发挥作用，有助于瘦身。因为在五天节食之后，周末两天增加了能量的摄取（你可能吃了炸鸡、冰淇淋、奶酪蛋糕等），饮食中的热量增加加速了新陈代谢。之后，当新陈代谢系统开足马力发挥作用时，你又回到了周一的节食生活，而能量燃烧的速度并没有立刻慢下来。不过周末也别太放纵了，吃自己喜爱的食物最好不要超过三餐。周末时光可以通过运动或做点家务来燃烧卡路里，或者也可以睡个好觉。科学表明，睡眠不足容易发胖。

17 天减肥法适合你的原因

4 个简单周期，每个周期只有 17 天。

这个减肥法鼓励你吃“真正的食物”，还会奉送制作简单的食谱，让你足不出户就能品尝到饕餮美食！

你可以吃水果！

一个周期结束你就可以放缓脚步，在周末的时候享用任何喜欢的美食。

只吃天然食物，不吃加工食品或者奶昔。

健康的饮食习惯可以达到稳定血糖的效果，因此可以有效预防糖尿病。

我先生负责自己家族生意的管理运营，经营着一间传统的农产品礼品店。简单来说，就是一种规模更大档次更高的现代化水果摊。

我们结婚之后，我也开始帮忙料理生意，基本上就是销售应季的健康水果和蔬菜，这个过程中我受益匪浅。周末，我先生会开着卡车带我一起去南加州农场采摘一些最新鲜的农产品回来。本地应季水果销售一空的时候，我们也会卖一些进口水果。看着澳大利亚运来的橘子，还有从智利进口的樱桃，我时常感觉有些兴奋。这些经历使我知道，哪些水果应该尽可能买有机产品，而哪些水果则丝毫不用担心。在店里与客人打交道时，你可能会遇到各种意想不到的状况，甚至需要回答一些无知的问题。有的客人会故作内行的样子使劲拍一拍水果，有的甚至认为加利福尼亚一年到头都产樱桃（大多数客人都会忽略一个事实：无论出产地在哪里，所有的水果和蔬菜都是季节性的）。不过坦白说，在嫁到这个做农产品生意的家族之前，我对这些事情也是毫不知情的。

这个充满了田园风情的水果店就坐落在圣地亚哥地区的兰乔圣菲富人社区。水果店的名字叫“柠檬转”，店面傍山而立。我对这个店有种特殊的感情，因为它勾起了我对家乡——密苏里州南部农场的记忆。这可能只是我热爱“柠檬转”的原因之一，还有一个更重要的理由是：我爱我的先生，所以爱屋及乌。

这些年以来，我都有意识地拒绝食用加工过的食品和速食品，而是选择吃真正的食物（不过我有一个例外，稍后会在下面的章节中公布）。在我追求健康的道路上，我总结了一些必不可少的食物，并将这些饮食建议写进了本书。这些建议包括应该吃什么、喝什么、早餐怎么搭配，以及迫切想吃甜食的时候该怎么办。

饮食建议助你拥有小蛮腰

地瓜：你知道吗？地瓜原本是非洲、南美洲和地中海地区特有的产物。我也是在研究地瓜对人体健康的功效时，才知道这点的。在这之前我一直以为地瓜是美国的特产。也许你原先也是这样认为的吧。所以这是一个帮助你了解地瓜的好机会。其实你每次吃到的都是红甘薯，只是大家都把它称为地瓜而已（实际上从非洲进口的真正地瓜远没有美国的红甘薯有营养。由于大家习惯性都把红甘薯称作地瓜，所以我在此指的是美国版的地瓜）。你知道吗？地瓜中富含的维生素 C 多达人体每日所需总量的 30%。地瓜中富含多种营养成分和维生素，因此在“超级食品”清单上也榜上有名。一只中等大小的地瓜含有 6 克的纤维。地瓜同时还含有丰富的钾元素和维生素 B。我最喜欢地瓜的一点是它的血糖指数很低，这对于我们所有人来说都是好消息（血糖指数就是一个评估食物对人体血糖水平影响的图表。指数越低越好）。作为复合碳水化合物，食用地瓜能产生饱腹感，并且大多数品种味道都很好。因此，不要等到感恩节再购买地瓜。为了补充各种营养不妨每周都吃一些，地瓜烹饪起来十分简单，可以作为一道配菜，或者当作一种零食，为你每天的活动提供更多的能量。

草莓：你有没有这样的感觉？只需要轻轻咬一口，草莓就能给人带来一种幸福感。也许是由于它那鲜艳的颜色，又或许是电视广告里经常将它点缀在早餐麦片上的缘故。不管真正的原因是什么，全世界没有人不爱草莓。至少加州没有人不爱草莓。你知道加州每年盛产的草莓有 10 亿磅吗？天哪！这可不是一个小数目！这些肉大多汁的草莓不仅味道可口，还富含抗氧化成分对眼睛有好处，除此之外还能对抗关节炎、痛风和癌症。有研究表明，大量食用草莓能够减少癌细胞扩散。对于爱吃甜食的人来说，你可以试试将草莓裹上黑巧克力，好吃极了。虽然口感好得让人有“负罪感”，但是裹上黑巧克力的草莓其实血糖指数很低，每个仅含 60 卡路里的热量。

希腊式酸奶[1]：条件允许的话多喝点希腊式酸奶。我个人最喜欢的牌子是费奇。酸奶里富含益生菌，能助消化，作为零食最合适不过。《纽约时报》畅销书《17 天减肥法》的作者麦克 · 莫雷诺医生在书中就建议早晚各喝一杯希腊式酸奶，这么做减肥效果十分显著。但是注意一定不要吃那些含糖量过高的酸奶。酸奶还有一个作用就是增强机体免疫力。它里面含有许多矿物质和维生素成分，包括钾、锌、维生素 B_5 和 B_{12}。所以在超市购物时一定要逛逛酸奶区，有太多的理由让你不能错过这种

[1] 希腊酸奶中，蛋白质的含量是普通酸奶的两倍，能够有效预防骨骼疾病。它的卡路里含量低，钠含量比普通酸奶高出 50%，并且富含益生菌，有助于保持肠道菌群平衡。除此之外，希腊酸奶易于消化，肠胃不好以及有乳糖不耐症的人也可以放心食用。

美味又健康的食物。

大量饮水或饮茶：远离所有的健怡可乐、能量饮料，试着喝圣培露[1]、苏打水、绿茶或者红茶。大多数人都认为苏打水里面的钠离子含量高，容易造成水肿。事实上这种说法并不准确。只要你坚持每天喝 8 杯水，多余的成分都会在当天排出体外，身体中只保留机体需要的那一小部分。绿茶和红茶富含咖啡因，在你对抗中风的时候可以用来补充所需要的能量。除此之外，长期饮用绿茶和红茶能够降低中风概率。所以不妨把它们加入购物清单。我最主要的建议是——远离无糖汽水！一项最新研究表明，无糖汽水很有可能会加重人体患上糖尿病的风险。现在很多可乐生产商都在推行更加健康的产品。总而言之，请远离含有糖和阿斯巴甜的饮品，它们是健康的天敌。

鲜奶油：冰箱里常备脱脂鲜奶油和冷冻浆果。如果你跟我口味差不多，那么像这样偶尔宠爱一下自己，满足偏好甜食的嗜好也并无不可。减肥期间，每当我想吃甜食的时候就会用这个办法满足自己。当然了，不能毫无节制地吃下过量的蓝莓和鲜奶油。我指的是在一天结束的时候，用这一小杯甜点犒赏自己。我承认，蓝莓配鲜奶油并不是最完美的健康食品。但是，与半桶奶油冰激凌相比，它的热量更少、含糖量更低，能够在满足你对甜食的欲望同时，防止当天摄入过量的卡路里。满满两汤匙的鲜奶油卡路里含量只有 25。注意这里是指天然鲜奶油（如果你不喜欢鲜奶油的口感，可以试试用希腊式酸奶加上一小包真维亚牌天然甜味剂，再配上冷冻浆果来吃）。鲜奶油只是帮助你满足爱吃甜食的味蕾，

---

[1] Pellegrino（圣培露）是来自地中海的饮料品牌，最出名的产品之一应该是气泡矿泉水，被诸多高端餐厅奉为“餐桌上的最佳伴侣”。

并不能算是一种健康食品。

燕麦粥：每天早餐吃一小碗燕麦粥。它并不是我减肥计划的一部分。但是作为跑步爱好者，我发现燕麦富含粗纤维以及优质碳水化合物。在燕麦粥里面加上一些葡萄干和亚麻仁，就做成了一道完美早餐。这碗粥提供能量足够你在 28 分钟内跑完 5000 米的路程。可能有人会告诉你，吃燕麦粥就必须选择刀切燕麦。其实不然，喜欢吃速食燕麦的朋友千万不要被这句话吓到。如果你早上时间紧张，没办法专门花 20 分钟去煮燕麦粥，那么吃速食燕麦也没问题。我知道市面上也有许多低热量的速食燕麦可供选择。我个人煮燕麦粥最喜欢用的是贵格牌传统燕麦片。这种不是即时的，需要煮很长时间，不过时间花得很值，因为煮出来的味道相当美味。有一段时间我曾经疯狂于谈论燕麦粥的话题。终于有一天我的朋友忍无可忍，她在电话里用礼貌的语气问我：“你的生活除了燕麦粥之外，还有其他内容吗？”

许多食物直接生吃就可以达到改善健康的目的。我比较推荐柠檬、葡萄、番茄和牛油果这类果蔬。从天然的动植物油、抗癌水果到每天喝水的时候挤两滴柠檬汁，这些食物都对健康有益，千万不要忽视它们。（提示：如果你正处在严格减肥期间，那么可以在达到理想体重后再将这些加入食谱。）

生活中，我们每天都要面临各种各样的选择。无论是互联网还是电视节目中，都不乏广告的身影。各种信息铺天盖地而来，我们必须学会如何甄选。什么样的食物有益于健康、什么样的食物可以改变我们的生活方式、什么样的食物可以使我们更有活力，学习到相关知识之后，选择权就在我们手中。食物并不是健康和减肥的大敌，事实上恰恰相反，食物给人带来的好处不胜枚举。你所需要做的只是做出正确选择。你要有意志力，在面对美食的诱惑的时候学会对自己说“不”。做一个聪明人，永远把健康放在第一位。原因显而易见，因为健康值得拥有！是的，这句话听起来像肥皂剧里的台词，不过我是认真的，你的确值得拥有健康！

小蛮腰的大敌

你是否自认为是美酒品鉴师，因而能在《杯酒人生》这部电影中找到强烈的共鸣？你是否因为自己能够品尝出赤霞丹珠、美乐以及黑比诺[1]的不同而感到得意？对你来说，放松是不是就意味着来一杯霞多丽或者味道浓郁的赤霞丹珠？如果你对以上任何一个问题答是，可能都需要把本章内容多读两遍，才能明白健康总是比端着酒杯的优雅形象重要。

许多年前的我，会对以上所有的问题都回答“是”。那时我为自己的美酒品鉴技巧感到自豪，也非常享受与朋友们在酒吧品尝鸡尾酒的欢乐时光。喝酒的时候我的心情特别舒畅。这段时期就是我之前提到过的，体重疯涨的那 15 个月。那时候的我 35 岁上下，正和当时的男友（现在的丈夫）相谈甚欢，不顾一切地放纵自己享受那时的美好时光。

当我准备遵循严格的减肥计划时，食谱里要求“禁止饮酒”，当时我并没有信心放弃自己“优雅的饮酒者”形象。

与其他女性朋友一样，在我看来，手捧鸡尾酒或红酒与曼哈顿时尚、

[1] 赤霞丹珠、美乐、黑比诺均为红酒的品种。

优雅、性感的女性形象密不可分。也许不能每天漫步在曼哈顿的高楼大厦中，但我可是有品味的人，能品出赤霞丹珠的浓郁，也能尝出自己最爱的黑比诺。

经历了戒酒以及适应健康的生活方式，我终于在六个月之后瘦身成功。那时的我不仅看到了身形变化，还发现自己气色逐渐变好，皱纹也慢慢消失不见。原来的我面部浮肿而略显疲惫，往往几杯酒下肚脸颊就看起来圆滚滚的。瘦身之后，我居然又恢复了一点儿之前当模特的气质。我的颧骨终于不再整天隐藏在浮肿的脸颊下，我松弛的蝴蝶臂也变得紧实起来。那些在我与朋友放纵享乐的日子里不知不觉增长的肥肉统统消失不见了。

有人会说每天一杯酒有益于身体健康。事实果真如此吗？你想不想算算看这样做每天会额外摄入多少卡路里？你想要继续为自己找借口吗？就因为喝酒的时候自己看上去更加优雅？

你可以继续放纵自己。但是我不会再这样了。我这一生再也不会沉溺于红酒。红酒里面的含糖量和热量高得令人咋舌，不要用“红酒可以抗氧化”的借口自欺欺人了。这些抗氧化剂在深色水果中照样能找到。你是想保持活力、快乐和红润健康的脸色？还是想做个满面通红、故作优雅的饮酒者？

相信我，一切都取决于你自己的选择。要健康，还是优雅的姿态？是选择酒桌上的友谊，还是窈窕的身材，以及不需要任何化学换肤或填充物就能容光焕发的肌肤？生活中每件事情都是这样，你的选择决定了现在的你。我做出选择，放弃了饮酒，好身材和容光焕发的肌肤就是我获得的回报。

以前我的朋友们每周都会聚在一起，一边在酒吧品尝鸡尾酒一边享受欢乐的时光，而现在，他们很少会邀请我去参加这类聚会了。大家一起喝酒总是会出现这种情况，如果你不和朋友一起喝，就会感到一种莫名的压力，甚至能听到各种耳语声：她是不是参加嗜酒者互诫协会了？或者她是不是被迫戒酒的？

简单来说，确实如此。我之所以戒酒，是因为发现身体重新焕发出青春和健康的感觉实在是太棒了。早上起床我再也不会在镜子中看到那张浮肿的脸了。腰围也不再横向发展，因为我的选择让我的内心变得坚定，让我能够坚持下去。

可以说我现在甚至对饮酒这件事嗤之以鼻。当我看到别人喝酒时，总是忍不住为他们感到惋惜。我想他们根本就不知道这样的行为会为健康带来多么大的损害。

你可能会替自己辩白，表示只是吃饭的时候偶尔小酌两杯。还是对自己诚实一点，面对现实吧。不妨仔细算算这些“偶尔小酌两杯”的红酒究竟含有多少卡路里。

你最近有没有称体重？戒酒两周然后再上称试试——看到结果别太惊讶。我特别厌恶那种在派对上劝人喝酒的社交场合。现在我已经平和多了，如果有人劝酒，也只是礼貌地拒绝：“我不喝酒，谢谢。”再也不会像之前那样，喋喋不休地告诫朋友注意喝酒的害处。像什么喝酒会损害皮肤和影响健康，喝多了容易加速人体衰老的进程等。派对上没人喜欢听这种告诫，徒遭厌烦罢了。“镇上曾经风光无限的派对女王现在已经戒酒，只会啜饮酸橙苏打水，那些在桌上疯狂跳舞的日子也已经一去不复返”这种故事可没有人希望听到。

别再陷入红酒中难以自拔了，拒绝酒精的诱惑吧。既然你拿起这本书，至少证明你也在追求美丽的道路上努力奋斗。你需要的是一种实惠的对抗衰老的方法，而不是忍痛出血去整容医院做手术。对于希望容貌永远焕发出青春活力的女人，我最重要的建议就是彻底放弃所有酒精饮料。

接受我的建议，戒酒吧。特殊的场合，例如与丈夫或者亲朋好友外出的时候小酌两杯，但是仅止于此。如果你能控制自己对酒精的欲望，那么前路就会有许多惊喜等着你。

如果戒酒，人生会有哪些改变？

体重下降自不必说，你很快就能发现无论是手中的现金还是银行卡中的余额，每月都会比往常多出一大笔。因为只要你下决心戒酒，自然就不会再去参加每周的鸡尾酒派对。说实话，那些在“干杯”声中度过的日子除了让钱在不知不觉中溜走，就只有第二天早上醒来的例行头痛了。

我知道这么说会显得有些庸俗。但是除了省钱之外，我还知道举着酒杯并不意味着优雅，并且能够平静地接受这个现实了。

真正的优雅来源于内涵，它会从多方面展现出来，例如你的个人气场、举止姿态、呈现给他人的容貌以及品格。千万不要认为手里拿着一杯酒就能变得优雅，这种观念是错误的。

人生不是电视剧，不会有《欲望都市》里的场景重现。我只能打破自己的幻想，认清现实——凯莉·布雷萧[1]和布里吉特·琼斯[2]都是虚构出来的人物，她们在多愁善感的时候借酒浇愁的画面都是不真实的。

---

[1] 凯莉·布雷萧（Carrie Bradshaw）是美国HBO电视系列剧《欲望城市》里的一个虚构角色，由莎拉·洁西卡·帕克饰演。

[2] 电影《BJ单身日记》女主角。

所以我根本不必效仿她们的行为。

今天有一个朋友打电话问候我："你还好吗？心情还不错吗？"

答案自然是肯定的，我很快乐！

也许少了手中那个做工精美的高级高脚杯，我有些"泯然众人"的感觉。但是我已经把热情都倾注在了追求健康之上，我的任务就是避免摄入过多的卡路里，防止它们破坏我现在以及未来的生活。

我知道，这种生活在你看来很无趣，对不对？追求健康听上去的确没有什么吸引力，但是我需要再强调一下，追逐健康的潮流正在逐渐兴起，它终将成为一种时尚。

如果有人还是舍不得放弃佐餐的赤霞丹珠或是霞多丽，那么我希望他们能多买一些有机食品，或者增加一些无麸质食品。当爱喝酒的人向我咨询一些关于麸质饮食的问题时，我不禁会想他们到底知不知道酒精对健康究竟会产生哪些危害。

饮酒过量会导致很多致命的疾病。从点滴处开始改变饮酒习惯不仅能改善你的外表和心情，还能改善你长期的健康水平，让你整个人的状态都有所提升。过量饮酒会引发下列健康问题：

- 糖尿病
- 肝脏疾病
- 心脏病
- 中风
- 免疫系统疾病
- 不孕不育
- 癌症

◆记忆力减退

◆高血压

◆胰腺炎

根据疾病预防与控制中心统计显示，美国每年都有 7.5 万人因为饮酒过量导致的疾病死亡。这些数据给我们敲响了警钟，阻止我们继续沉溺在狂欢的泥沼中，为了表面的优雅而不断自我放纵。

千万记住，无论是在选择食物还是饮料时，都务必把自己的健康放在首位。不要被广告所蛊惑，也不要因为酒的口感好，或者你希望显得合群而选择喝酒。备受人们推崇的著名诗人鲁米说过一句话:“给我倒酒，要不就离我远点。”

可惜的是，从 12 世纪保存至今的寥寥数张照片中，我们可以看到鲁米衰老的严重程度。不过我想，在那个年代，老者脸上不断增添的皱纹应该是被视作勇者的勋章吧。

也许你爱读鲁米写的诗歌，但是请不要把这句当作至理名言。还是听从我的建议，永远与酒告别吧！向那个手拿高级酒杯，啜饮着红酒的性感女人说再见！我们应当学会更加爱护自己。

还记得我前面说过的秘密特例吗？如果你好奇的话，我可以告诉你，在与丈夫一起外出度假的时候，我唯一允许自己品尝的酒就是龙舌兰。没错，就是这种酒。喝的时候一定要小口啜饮，千万不要一口干下整杯酒。你可以试试好一点品牌的银色龙舌兰酒。这种酒不会像其他酒或酒精饮料一样会使血压升高，因为它是用一种叫龙舌兰的植物做成的。你可以查一查相关资料。对于血压不稳定的人来说这个建议还挺不错的。

所以，尽情想象我每年一次的度假画面吧，我身着泳装，手里拿着一杯可口的龙舌兰酒，一口一口地慢慢品尝。能享受这种美好，是因为我秉着自律的精神，对一种流行的饮品——酒，坚决说不。除非遇到“特殊场合”，我现在已经很少喝酒了，这对我的健康实在大有裨益。

如果你真的做不到完全戒酒，那么就努力少喝一点儿吧。

至少每次记得数数你究竟喝了多少杯。我只能告诉你，戒酒后我的皮肤、健康状况和容貌都有了极大的改善。我比 30 多岁时看上去要精神多了，因为那时候我经常饮酒。

要知道，我们每一个人都是独一无二的，独一无二的身体、独一无二的容貌还有独一无二的生命。为了健康，我努力改变生活习惯。你能做到吗？想想看，平均一杯红酒的热量为 100 卡路里，如果你每天喝一杯，一年就会摄入 3.65 万卡路里的热量。所以，还是努力戒酒吧！让自己身材变得更苗条，不要去追求表面的“优雅”。

抗衰老"瘦身针"

准备好了吗？我们一起来揭晓答案，看看对抗衰老究竟应该注射哪种针剂。这种针剂才是你应当每周注射一次的美颜神器——维生素 B！2009 年的时候，我参加了一档非常严格的减肥项目，这次活动彻底帮我恢复了窈窕的身材。当时的减肥过程中医生要求必须每周注射一针维生素 B。时隔 5 年，我仍然在坚持这种做法，这种针剂让我每天都觉得更年轻、更健康、反应更灵敏。在南加州的大部分女性忙着脸部注射微整形的时候，我每周只是在臀部注射一针维生素 B——速度快，无痛苦。最让人感慨的一点是，注射当天你就能感到精力充沛，而且，这种功效往往可以持续一周。

所以我请求你，在选择面部注射针剂时请千万慎重。这种面部填充物原本就并非必需品，现在更有报道称它们有可能扩散到身体其他部位，甚至有可能造成情感麻木，无法理解周围朋友或者邻居的感受。所以女性朋友们，在决定注射之前一定要三思而后行。我的建议是：远离肉毒杆菌，选择注射维生素 B 吧。最好的消息是，维生素 B 每针只需要 20 美元。还有什么比自己的健康更重要吗？当然了，给养心灵是排在首位的，不过你的健康和内在心灵是相互联系的，它也应该一起排在首位。

为什么要注射维生素 B？注射之前我应该咨询医生吗？

是的，需要咨询。我和你们一样只是一个普通女性。本书中我所提的建议，都是自己亲身体验过并感觉效果良好才会推荐的。要注射维生素 B 的话，首先请咨询医生的意见。我就是这样做的，所以你也一样。作为年过 40 的女人，我已经掌握了许多重要的方法，能够有效提高精力、改善心情并提升健康状况。注射维生素 B 是我最重视的方法之一，它对改善健康状况和提升整体幸福感有显著的功效。

维生素 B_{12} 是一种能量维生素。注射之后，整个人立即会感觉精力充沛。它有两种主要功效：抵抗疲劳和加快新陈代谢。维生素 B 效果显著，绝对是女性日常生活的必备佳品，赶快把它列入清单，定时注射吧。我很享受这每周 5 分钟的注射过程，因为这是我改善健康善待自己的时刻。在加利福尼亚的某些区域，有些医疗美容机构和顺势疗法诊所将这种针剂称为“瘦身针”，因为维生素 B 能够加快新陈代谢。你知道吗？人体新陈代谢的速率 25 岁之后就会逐渐放缓。

天哪，为什么之前没有人告诉我呢？事实上，人的一生中新陈代谢能力会下降 20%—40%。因此，对于年过 40 的人来说，这一点尤为重要，将注射维生素 B 列为日常事项吧。说到我平均每个月的注射次数，那应该是三次左右。维生素 B 不仅有助于加快新陈代谢，在其他方面也有显著效果。它将我的精力、心情以及整体健康状况都维持在 A 级，全部都是我的最高水平。

多年前，我有机会采访了金 · 凯利医生，他是南加州的一位顺势疗法专家。这些年来，我一直定期去他的诊所注射维生素 B。凯利是经过认证的自然疗法医生，他长期致力于拥护和宣传替代疗法对健康的积极作用。

维生素 B

问：凯利医生，在您看来，对 40 岁以上的人来说，注射维生素 B 最大的好处是什么？您的病人反馈的最佳效果是什么？

凯利：最大的好处就是维生素 B 能够大大提高他们的精力。这是由于维生素 B 对食品能量的转化有关键作用（将其转化为三磷酸腺苷），食品能量就是你体内细胞消耗的能量。随着年龄的增长，人体吸收的维生素和矿物质也会逐渐减少。若器官出现问题的话，情况会更加复杂。口服维生素 B 也能起到作用，不过相关研究表明，注射维生素 B 比口服效果更好，能更大程度地改善人的身体与心理健康。

问：您认为减肥与注射维生素 B 有直接关联吗？

凯利：这得看个人的情况。维生素 B 对脂肪、碳水化合物以及蛋白质的代谢是必需的。从这一方面来说，注射维生素 B 能加速新陈代谢。不过，单单注射维生素 B 并不能达到减肥的目的。还需要结合合理的减肥餐、适量的运动以及健康的生活方式，有了这几点才能够构成一个有效的减肥组合。此外，你还必须检查自己的激素情况，因为甲状腺功能低下也有可能对减肥有负面影响。

问：注射维生素 B 对健康还有哪些益处？

凯利：人体的许多功能都离不开维生素 B，因此，除了能够有利于减肥和提高精力之外，它还有许多其他好处。维生素 B 属于水溶性维生素，极易溶于水，因此可以随着血液运送到全身。所有 B 族维生对免疫系统来说都是有力的支撑，它们能够促进细胞生长与分裂，帮助肌肤和肌肉保持健康，并有效改善神经功能。例如，曾经有人在注射过维生素 B 之后反映睡眠质量得到改善。还有人注射后感觉精神更加集中。维生素 B_{12}（甲钴胺）的确能帮助肝脏解毒。

问：我发现，定期注射维生素 B 能保持愉悦的心情和乐观的心态。它真的能够改善心情以及整体健康状况吗？

凯利：注射维生素 B 可以改善心情，因为它能提高体内血清素的含量。血清素是一种神经传导物质，能传导“快乐的感觉”，这个传导过程需要维生素 B_6。还有大量研究表明，心情低落的人体内维生素 B_{12} 含量低。维生素 B_1（硫胺）能帮助大脑将葡萄糖或血糖转化为能量。缺少维生素 B_1 的话，大脑能量会很快耗尽，从而导致疲劳、抑郁、易怒以及紧张。维生素 B 不足还会导致记忆力减退、胃口丧失、失眠以及肠胃功能失调。

问：有些人对注射维生素B仍有所顾虑，那么您想对他们说点什么？注射会有什么负面影响？

凯利：注射使用的针头很小，基本上只会感到一点轻微的刺痛。有些人在注射前把它想象得十分疼痛，其实打完后，他们会惊讶地发现注射过程非常轻松。有人注射后，针孔区域会出现一些红点或者感到瘙痒，不过这种症状一两天就会消失。

问：注射与口服相比都有哪些好处？您认为40岁以上的人注射维生素B大有好处吗？

凯利：口服的话，营养吸收会受到很多因素的影响。体内缺乏内因子的人，吸收B_{12}相对比较困难。压力过大的人群吸收营养也比较困难。对于年纪较大的人，特别是50岁以上的，身体吸收维生素的能力与年轻时候相比会大幅下降。如果接受注射，人体对维生素B的吸收是100％的，而且，对于有维生素缺乏症的人来说，他们会很快感受到疗效。

问：我发现每周定期注射一次维生素B对于我的健康、体重管理和心理健康都有很大好处。您建议每个月注射多少次，原因是什么？

凯利：最常见的注射频率是每周注射一次作为起始剂量，一个疗程是四周，作为维持剂量。不过，大多数的人觉得这样比较麻烦，一般就是每月注射一次维生素B。那些注意到显著效果的人，基本上都会每周定时过来注射。有些人想快速减肥，那么我会在注射液里加入MIC。MIC是三种营养素：蛋氨酸（一种氨基酸）、纤维醇（一种辅因子）以及胆碱（一种辅因子）。每周进行MIC和维生素B组合注射能够帮助人快速减重。

注射维生素B最棒的一点是立即见效。现在社会上都流行快速解决问题，注射维生素B的这点优势无疑具有极大的吸引力。与此同时，维生素B也是人体所需要的营养，对于那些中年人来说补充这种营养尤为重要。

所以，下次在你犹豫是否需要在额头上注射肉毒杆菌的时候，请果断打消这个念头！改为注射维生素B吧。要知道，这是我唯一认可的注射针剂，绝对能帮你保持健康和美丽。

关于维生素B

只有一种注射针剂对你有好处——维生素B。

维生素B能帮助改善心情，提高机体免疫力。

黄金运动时间——15 分钟

15 分钟是当今社会最常见的时间段之一，无论是电视广告还是智能手机的提醒间隔，往往都会设置在这个时间之内。还记得那个广告吗？一只操着一口英式英语的绿色壁虎，可爱的形象深入人心。其实，这段广告源于 1999 年的好莱坞演员罢演事件。“有时候，环境总是会逼你另寻出路，而这往往是展现你才华的时刻。”这句脍炙人口的广告语令人难以忘怀。无论是绿色壁虎的形象还是不断闪现的数字“15”，都令人难以忘怀。15 分钟的时间听起来并不长，对你来说从日程表中挤出 15 分钟并不是什么难事。日常生活中，休息时间或者是智能手机的提醒间隔都是 15 分钟，把这段时间安排进日程表对你来说绝对不是难事。

40 岁的那一年，我跑步的时候明显感觉到精力不足。多年来我一直断断续续地坚持跑步锻炼。订阅《跑步者世界》杂志，经常阅读跑步专业书籍，可以说跑步是我十分热爱的一项运动。但是物极必反，当你持续不断地完成某件事时，中途休息是绝对必要的。

我暂时停止了短跑锻炼，决定以后每天散步。但是每天早上送儿子到学校之后，我都感到疲惫不堪，根本不想再散什么步。就在这时我才领悟到那句广告语的智慧。也许锻炼身体的时间也应该控制在 15 分钟之内。当我真的这样去实践之后竟然发现，一旦暗示自己这次锻炼时间不会很久之后，我每天早上都会坚持运动。最让人惊喜的是，我每天早上往往都会老老实实地锻炼 30 分钟。有时候甚至会穿插着小跑几段。虽然这些运动强度比较小，但是坚持了一年后，我惊喜地发现，它与长时间高强度的跑步效果一样。快到 41 岁生日的时候，我的身材仍旧保持得非常好。没想到竟然会有如此惊人的效果。新千年初期，2002 年的时候，《时代杂志》刊登了克里斯蒂安 · 戈尔曼的一篇文章，题目是“走路替代跑步”。

这股走路风潮是从什么时候开始兴起的？根据记录，应该始于 1979 年。紧接着 3 年后奥莉维亚 · 牛顿所著的《让我们运动吧》一书又掀起了一股有氧紧身衣的风潮。所有运动潮流都是反复的。因此走路风潮再度风靡也属正常。

为什么在有效地塑造身形方面，走路能达到跑步一样的效果呢？我对这个问题做了相关调查。我发现，只要运动时间足够，消耗的能量相等，那么低强度的运动和跑步一样能取得相同的效果（无意冒犯跑步爱好者。我仍然喜欢跑步。只是晨间的走路锻炼能让我更仔细地欣赏周遭的景色，有氧运动也不会让人觉得太累）。

现在回到 15 分钟的话题。你早上能腾出 15 分钟来提高自己的生活质量吗？

我肯定你能。我相信你一定有办法规划好自己的生活，提前一晚就准备好运动服，每天早上都用不到 15 分钟的时间来锻炼身体。这一切都是为了谁？当然是你自己！

日常走路锻炼的好处

☑ 控制体重、减肥。

☑ 预防心脏病。心脏可以看作身体的一块肌肉，需要经常进行锻炼。你可以不关心走路的减肥效果，但是想想它对你心脏健康的重要性吧。要知道，现在心脏病是致人死亡的一大元凶。

☑ 控制血压。

☑ 预防糖尿病。早晚坚持锻炼 15 分钟（如果你只有零碎时间）能够有效降低罹患糖尿病的风险。要知道现在糖尿病是一种常见疾病。根据美国糖尿病协会对国民糖尿病发展趋势的调查，截止到 2050 年，三个美国人中就会有一个得糖尿病。这个数据太可怕了，想必没有人愿意受这种疾病困扰吧。

☑ 走路还能够改善心情，防止抑郁症的发生。

也许会有人觉得走路运动量太小，消耗的热量不够，无法保持身材。但是不管你相信与否，这可比不做运动强多了。

大多数人认为，运动应该是在健身房锻炼一个小时。但是有时候挤出一个小时专门做运动实在太困难了。所以，请记住，最终的目标是让自己运动时间更长。你完全可以“欺骗”自己的大脑只需要运动 15 分钟，这样就能调动自身的积极性。

将 15 分钟理论应用到你的健身计划中，即使只是在家你也能够让自己运动更长时间。想去健身房但是又缺时间又缺钱？没关系，拿起你的智能手机。是的，就是你的智能手机。你手上现在拿着的是一个万能运动神器，是你的私人健身教练。想保持身材并不是必须花钱请健身教练才能实现，只要自己能坚持，在家一样可以瘦身。

为了避免每天都做重复的运动，锻炼时，我会从下面的清单里进行选择，确保每周至少锻炼 3—4 次。

◆ 每周安排三到四次晨间散步。如果家里养狗的话，可以顺便遛狗。它们和你一样需要运动！

◆ 跟着手机上的健身程序做仰卧起坐和俯卧撑。这些训练项目很容易跟上并且还设定了休息时间，甚至会有哨音提前提示你准备好下一阶段的练习。

◆ 深蹲——我刚刚发现了这个神奇的运动方式，它的方便之处在于只要不是身穿紧身的迷你裙或者紧身牛仔裤，你在任何时间，任何地点都可以做这项运动。但是千万不要穿着这两种衣服尝试，相信我，你一定会把衣服撕裂的。什么？我怎么知道？因为我就干过这事儿。

◆ 去健身房锻炼。最近我又重新买了健身卡，因为我想每周至少做 2—3 次的动感单车和负重训练。每个月只需花 35 美元，就能够大大提升我的健康状况，还能给日常的运动计划增添趣味性和选择性。去健身房锻炼的最大好处就是，当看到身边为了好身材而努力运动的人，你总是会情不自禁被这种气氛感染。我最喜欢的动感单车教练是克里斯，她对我的鼓舞是最大的。克里斯的身材尺寸是 11 号。她坚持运动的恒心，以及课堂上一丝不苟、充满热情的态度感染了我们所有的学员。去健身房锻炼也能让你暂时抛开家庭，只关注自己。请记住，多花时间锻炼身体是非常必要的，这样你才能有足够的精力在其他领域绽放光彩。

◆ 找同伴一起锻炼。

◆ 收养一只小狗。养狗不仅是一种心灵善举，还能有效改善你的健康状况。遛狗是养狗者每天必须履行的义务。如果你缺乏动力从沙发上爬起来去运动，相信我，养一只狗就能轻松解决这个问题。它们可怜巴巴哀求你出去的小眼神，你肯定抗拒不了。

◆ 准备一对 5 磅重的哑铃放在卧室。衰老的征兆之一就是松弛的手臂，这一点对于女性来说尤为如此。亲爱的女性同胞们请注意，千万不要让这件事发生在你身上！每天早晨出门前，或者晚上睡觉前，都做几组哑铃运动，每组做 20 次。想象自己穿上雪歌妮·薇佛（电影《异形》中的女英雄）式 T 恤，再配一条做旧的里维斯牛仔裤出门，在别人眼里该是多么性感、多么赏心悦目的画面。一对哑铃不到 20 美元，这项健康投资一点都不贵。（身体的肌肉质量随着衰老会逐渐降低。）

◆ 拉伸运动。记住要保持身体的柔韧性。拉伸对于身体和健康都很有好处。所以你可以试试瑜伽运动。做完仰卧起坐之后我也会练习一些简单的瑜伽动作，这些练习帮助我保持身体的柔韧性和灵活性。如果不希望随着年岁的增长，身体变得僵硬脆弱，请千万记得要做拉伸运动。

好吧，我承认，从会说英式英语的壁虎广告中找到灵感，发明 15 分钟运动理论听起来是有些奇怪。但是这个理论运用起来很简单，并且效果不错。下次你为自己没时间运动而苦恼的时候，就用这个办法试试，看看有没有用。秘诀就是站起身，动起来！活跃一点！不要老是借口自己已经上了年纪、新陈代谢太慢什么的，就放纵自己堕落，成天窝在沙发里看电视。时间不等人，现在就走起来吧！

神奇的有益脂肪

好吧，我为曾经的自己感到羞愧。那时因为不加节制地放纵，竟然让体重飙升了 35 磅，这将是我一生中最尴尬的经历。其实年轻的时候，我一顿可以吃一个大芝士汉堡，根本不担心热量超标或者会增加体重。从 20 岁开始一直到 30 岁早期，我的生活都过得很随意，从来不需要关注自己的体重变化。因为我爱好跑步，即使饮食不加节制，这种高强度的运动也还是让我身材纤瘦，甚至连脸上的婴儿肥都消失了。

不过，这都是 35 岁之前的事了。

没错，35 岁这个年纪在人生中颇为重要，特别是对女人来说。35 岁是女人的一个重要人生节点，它标志着我们体内的卵子质量开始慢慢下降，生孩子的时间表会越来越紧迫。不管乐意与否，每个人都需要选择更健康的生活方式，只有先拥有健康的体魄才能拥有更加充实的生活。帕特里夏·布拉戈在她的《苹果醋：神奇的健康选择》一书中写道：“要么选择疾病和伤痛，要么选择健康。”

你选择哪条路？我真希望自己可以说，我从孩童时期就一直走在健康之路上。不过没关系，至少我通过不断地纠正错误，最终踏上了健康之路。

想想也能明白，当初我去参加那个减肥项目是有多么难堪了。不过我是幸运的，因为我勇敢面对了自己体重超标的现实，而没有选择逃避。事实上刚刚参加减肥项目时，我是很抗拒称体重的。足足两个月之后，我才艰难地收起自尊和骄傲，明白自己需要接受医生的帮助，改变不良的饮食习惯。

寻求营养学家和医生的帮助是我做过最明智的选择之一。他们让我知道如何选择健康的饮食方式，帮助我顺利减肥并且丝毫不必担心反弹。我还了解到一个十分重要的知识——如果人体通过饮食摄入超过身体需要的热量，那么这些热量就会一直保存在体内，运动无法消耗这些热量。所以，如果你需要指引，向专业人士寻求帮助吧！如果你觉得这种方式开销比较大，也可以从网上查找资料。看看自己现在的生活方式与网上推荐的相比是否有差异，判断一下自己的生活是否需要做出改变。

要承认自己在某方面需要帮助并不容易。但是只要克服了这个心理障碍，你就会从中受益匪浅。你会明白，思想、健康以及心灵修养才是值得我们放在首位的东西，拥有这些我们才能建立正确的自尊心，提高自信。因此，如果你吸烟的话，请开始戒烟吧！如果你酗酒成瘾，请开始戒酒吧！如果你经常暴饮暴食，请去寻求专业帮助吧！如果你对自己的外貌不满意，别担心，按照书中的建议，一步一个脚印地努力修养吧。俗话说：“不积跬步，无以至千里。”相信在你的努力下，终将实现心中的理想。

尽全力打造一个更加健康的生活方式，其实这个过程很美好。

在追逐健康的道路上，我们期待的最大回报就是每天都心情舒畅，气色良好。这就要说到本书健康部分中我的最后一个重要建议。如果我说服用 Ω-3 胶囊和深海鱼油能够提高每天的生活质量，你会怎么想？你觉得可信吗？无论人到中年与否，本章内容对读者朋友们都有着很重要的意义，因此千万不要错过。通常情况下，我们都认为通过食物摄取的营养能够满足机体的日常需求。事实的确如此，但是这并不代表我们在现实生活中每天都能摄入足够分量和种类的食物。例如，你不可能每天都能吃到三文鱼，获得重要的脂肪酸和鱼油。

我知道，Ω-3 和鱼油胶囊这种营养补充剂听上去没什么吸引力。不过，当你知道这两种膳食补充剂能为你带来的好处时，心情肯定会激动不已。

我是在参加减肥项目时，逐渐认识到 Ω-3 和鱼油的重要性的。我在前文中提到过，这个减肥与营养项目是兰乔圣菲的一位医生发起，是这个项目引导我拥有了健康的生活方式。

也许 Ω-3 本就是你每天必备的营养补充剂，因为你知道这种脂肪酸具有降低体内胆固醇的功效。但是你知道它的其他功能吗？事实上，Ω-3 能够有效提升健康水平，治疗抑郁症，还能够在增进食欲的同时为身体补充必备的能量。之前，我对这些东西全都一无所知。

在创作本书的过程中，最令我兴奋的地方就是能够有机会与健康和心理领域的专家进行交流。在交流过程中，这些专家帮助我从更深层次上掌握保持健康的方法，让我的身体时刻保持在最佳状态。所以我迫不及待地与各位读者朋友分享。劳伦 · 安托努奇博士是美国知名的营养学家，她在纽约经营着一家名为“营养能量”的机构。安托努奇博士曾经是一名运动员，参加过 13 次马拉松比赛，数次三项全能比赛，以及 3

次全美铁人竞赛。我是在自己最喜欢的杂志《跑步爱好者世界》上知道了博士的大名。作为一名营养学家，她经常在《纽约时报》等杂志上发表营养领域的专业性文章，例如《糖尿病患者的自我管理》。在后续的了解中我才发现，除了是一位享誉全球的营养健康专家之外，安托努奇博士还是三个孩子的母亲。她身体力行地向我们展示了女性在追求健康和美丽的过程中需要做些什么。本书中，我有幸采访到劳伦·安托努奇博士，向她请教了一些时下女性最关注的问题。

女性营养建议

问：对女性来说，减肥的最大误区是什么？

劳伦：误区在于，大多数女性摄入的 Ω-3 根本不够，而且饮食中一味避免脂肪，导致有益脂肪摄入不足。女性需要补充更多的有益脂肪，它们能提高精力、改善心情，对于日常活动非常关键。一个人的整体幸福感与精力、心情紧密相关。

- 核桃
- Ω-3 胶囊
- 两餐匙鱼油

以上三种食物有利于人体补充有益脂肪，建议女性朋友们加入到日常饮食中去。

问：作为一名营养学家和健康领域的专家，您为许多人提供日常饮食方面的咨询。那么女性要拥有良好的饮食习惯，需要注意哪些方面？

劳伦：通常情况下，女性每天摄入的纤维量不足。纤维是保持消化系统健康必不可少的物质。因此我们应当在日常生活中尽可能多地补充。但是需要注意的一点是，纤维应当每天分次摄入，尽可能避免一次性补充。天然食物是纤维的重要来源，橘子、其他水果以及豆类食物等，都富含丰富的天然纤维。

问：您认为健康饮食能帮助女性改善肤色，使容貌更加年轻吗？

劳伦：是的，多吃深色的食物可以延缓衰老。我们一般认为，深绿色、红色、紫色的食物富含抗氧化成分，因此它们有助于延缓衰老。所以日常生活中我们应该多吃深色食物。

在与劳伦的访谈之后，我给所有的女性朋友都打了电话，挨个告诉她们要多吃有益脂肪，一定要把它们列入食物清单。为了弥补日常饮食中，脂肪酸摄入不足的问题，我们应当每天吃适量的 Ω-3 或者鱼油胶囊。我们的精力和心情对行动、交流和沟通有着重要的影响。所以不要忘记给自己补充有益脂肪。不要忽视那些简单易行的保健方法。不要忽视自己的健康。感谢所有在这本书中与我们分享健康建议的专家们。你们这些宝贵的建议，可以帮助人们发现，只要做出正确的选择并立即采取行动，人生的下半场就会精彩至极！

健康建议小结

- 褪黑激素
- 苹果醋
- 制订健康的生活计划并严格执行
- 用苏打水和茶代替可乐或者健怡可乐
- 选择食物是要以健康为主
- 每周做 3—4 次运动，每次 15 分钟
- 定时称体重
- 服用 Ω-3 或鱼油胶囊

创造逆龄奇迹

>> P A R T 4 <<

每个人都是自己人生故事中的英雄。

生活就是不断寻找答案

1997 年，我遇到了一位美丽的女士美千子 · 罗里克。她是第一位移民美国的禅宗大师的后裔，举止优雅带着日本人特有的风范。她的鹅蛋脸上时常洋溢着甜美的笑容，睿智的眼神仿佛能看透你的内心。当时我正站在队伍里等咖啡，手中的咖啡杯上写着“米歇尔”的假名，因为真名不太常见，所以为了方便我常常使用假名。

我们约见的那间星巴克咖啡厅位于洛杉矶近郊的华纳兄弟电影公司旁边，里面空调开得很足。走进咖啡厅我发现，周围的顾客大多是艺术工作者，他们在小圆桌旁或看书、或写字，坐姿都很随意。而美千子则姿态优雅地坐在那里，身体挺得笔直，看上去就像是一位高贵的芭蕾舞者。她就这么静静地等待着我的到来。那一刻，我完全想不到这个人会对我今后的人生产生如此积极的影响。美千子 · 罗里克那时刚出版了她的新书《心理健康：身体、思想和灵魂的完全修炼手册》，但是我并没有读过。坦白说，见面之前我对她并没有多少了解，只是在好莱坞的发展到了瓶颈期，想在参加一个试镜之前请她帮我缓解紧张情绪。

多年的商业广告与电视演艺生涯将我的自信心慢慢消磨殆尽。有一天早上当我醒来，心中突然毫无来由地感到一阵恐惧，可是又不清楚自己在害怕什么……你知道的，那种感觉就像电影《蒂凡尼的早餐》中“心绪不宁的时刻”。我一直在找寻更深层的心灵归属，能让我和自己的心灵对话。这与宗教信仰无关，只是想探寻内心深处的另一个自己，渴望找到生命的意义与根基。不知为何，7 年的演艺生涯只让我深感孤独，有一种飘零的悲怆。

终于，我端着咖啡坐到了美千子对面。我记得没错的话，她那天穿了一件新潮的粉红色带拉链夹克，首饰搭配得恰到好处。她看我的眼神非常直接、坦率，我被她看得有些紧张，只好笨拙地摆弄手里的笔记本电脑。（我总是希望给人留下准备充分的印象！）

好吧，我应该坦诚一点儿。那段时间我的生活简直就是一团糟——情感异常脆弱，整个人都处于崩溃的边缘。那时我刚满 25 岁，自信全无，觉得自己在商业片里的一举一动全部不够出彩。如果你对好莱坞有所了解的话，应该明白演员若是出现这种心态，势必会对试镜乃至演艺生涯产生致命的影响。好在我还知道向别人寻求帮助。我听从比弗利山经纪人的建议，报名参加了表演培训班。但是我发现，无论是培训老师还是她的教学方法都无法让我提起半点兴趣。（之所以提起这件事，是因为这是我来星巴克与美千子会面的原因。）

上了一个月的表演课后，我感觉自己就像是一道刚被撕裂的伤口，鲜血淋漓，根本不敢踏出影视城旅馆半步。表演课上，老师让我们 36 个学员先大声尖叫一分钟，接着放声大笑、号啕大哭、大喊大叫，希望我们将身体里的每一种情绪都释放出来。其他人自然地做着这些练习，个个都是心中有数的样子。但是我却不能理解这些行为的意义，只是在练习中感到晕眩。记得当时我环顾四周，心里问自己："我是不是弄错了什么？"然后忍不住想到，"我待在洛杉矶就是为了做这个吗？"答案当然是否定的。我从模特行业出道，接着经纪公司推荐我去拍商业广告，然后又参加试镜开始拍戏……我的职业转变得太快，甚至都没机会问自己真正想要的人生方向是什么。

那天，美千子非常善解人意，主动开腔打破了沉默。她语调轻柔，话语中带着一种安抚的力量。交谈中，我感觉周身似乎环绕着一群小天使，它们带我远离了混乱的思绪。

我向美千子吐露了一切，告诉她我追寻内心归宿的心路历程，向她倾诉我的迷茫。我找不到生活的意义，也不知道是否应该在演员的道路上继续走下去。她拉住我的手，轻轻地说："亲爱的，我们一起来寻找答案。"

自此，我每周都会去美千子家中学习冥想。冥想时，我们会相对而坐，首先静静地梳理我的疑惑，然后让我自己不再执着于寻找答案，而是让心情放松，内心平静。美千子向我传授了许多秘诀。比如如何进行更深入的冥想，怎样充分放松大脑以及如何将注意力集中在呼吸上。几周之后，我发现自己的自信心又回来了。我自己反复练习，心中对每周与这位神奇女士见面充满了期盼。我觉得她在与我分享整个宇宙的奥秘。

《奇迹课》一书中有一个简单的理论："奇迹就是对于变化的感知。"这句话准确地概括了我当时的经历。我终于发现，这种要求学员释放各种情绪的表演课并不适合自己。于是我打电话给经纪公司，告诉他们我想换老师。经纪人在电话那头沉默了一阵。这个消息当然不会令他高兴到哪儿去。然而出乎意料的是，他同意了我的要求。我终于摆脱了那个极端疯狂的课程，那里实在不适合我。

生活继续。我依旧是试镜，上表演课，当然，还有继续跟着美千子冥想。这几年来，她所著的书广受赞誉，读者签名会一场接一场地举办。而我则继续和她一起做冥想练习，在困难时期不断提醒自己：只有拿起勇气直面内心恐惧，我的头脑才能保持最佳状态。年复一年，正是冥想帮助我实现了自我提升。

在你随着这本书展开追寻真美的旅程中，“心灵是生命之光”这部分内容是你最应重视的部分。只有从自身着手，直面内心的恐惧，愿意发现自己的弱点，才能变成自己理想中的那个人。希望一切重新开始，朝自己的完美形象而努力，何时都不算晚。

我是幸运的，那天在星巴克与美千子的会面使我的人生走上了正确的轨道。在这前后，美千子也指导了许多其他人，包括明星、作家，还有和我一样需要引导的普通人。本书的这一部分会给你一些小建议，帮助你运用简单的方法找到美丽、心灵与健康三者之间的平衡。

心理健康建议

问：在您的著作中，您将“心理健康”定义为保持清醒，头脑冷静。那么要想集中精神，需要做哪几步？

美千子：以下是几个小要点，能帮助你在回归自我的神奇旅程中达到全神贯注的状态：

◆ 做几个缓慢而深长的呼吸，感受身体的核心。用意念控制你的肌肉，你的胸腔，多进行有效呼吸。提示：在日常冥想之前，进行三次缓慢深长，来自身体内部的呼吸，这能够缓解紧张感，给人带来舒适和喜悦感，能使头脑清醒，心情平静。

◆ 注意姿势，保持上身直立，但同时要放松。直立的姿势有利于排除压力，也有助于抵御不良情绪。

◆ 养成习惯，每天回顾自己所拥有的美好事物。一颗感恩的心能够引人反思，使人焕发出新的活力，同时它也能改变一个人的固有看法，提升幽默感。

问：您的《心理健康》备受赞誉，有许多忠实粉丝，比如作家兼出版商路易斯·L.海，还有《别为小事抓狂》的作者理查德·卡尔森就强烈推荐这本书。此外，您还是第一位移民美国的禅宗大师——佐佐木宗庆的后裔。请问，对那些对年龄增长充满恐惧不安的人们，您有什么建议？有没有什么简单的技巧能帮助他们消除消极的想法？

美千子：我所有的技巧和方法都是基于爱因斯坦的一句名言——“从错综复杂中发现简单”。这句话也是禅宗智慧的根基。我认为，消除对年龄增长的恐惧，关键在于观念和看待事物的新角度。在一些古老而智慧的文化传统中，年龄增长是一件自然的事情，就像是一种庆祝永生的方式。我由衷地同意这种观点，并且选择带着一颗感恩的心优雅地老去。我的导师，也就是我的姨妈海伦·弗莱迪如今已经90岁了，整个人依旧神采奕奕，看上去仿佛“青春永驻”。我从她那里学到芭蕾舞者的姿势，她称之为“奇迹之钻”。这枚“钻石”使我们身体充分展开，保持直立的状态。试想一下，当我们的身体充分打开，重心稳定，四肢舒展时，所有的消极情绪以及年龄增长所带来的不安都会离我们远去。诺曼·文森特·皮尔说过：“尽情享受生活，将年龄抛诸脑后吧。”这就像是“奇迹之钻”的箴言一样：“舒展身体，转换心情，提升精神境界。”

问：作为人生导师，您在洛杉矶为许多著名的明星做过指导，帮助他们找到了生活中的平衡点。您在《心理健康》中传授了关于体态、呼吸还有放松的技巧。就我个人经验而言，我知道这些技巧是可以通过后天学习掌握的，并且可以应用到生活中去。现在我想知道，究竟给养灵魂对日常生活来说有多重要？

美千子：心灵给养的重要性取决于我们个人的选择——是选择真实地活着，还是选择绝望地生存。畅销书《简单的富足》的作者莎拉·班·布莱斯纳奇说过：“真实的自己就是心灵的显现。”在追求完美的过程中，我们迈出的每一步，每一次呼吸，都是从接受现实起步的。而这个现实就是我们已经拥有智慧，心灵之光会帮助们实现梦想。一点小建议：多读书、多祈祷或者试着转换更积极的态度，多冥想，找时间与灵魂或内心真正的自己交流，与他人分享你的心情……这些都是滋养心灵的办法。

问：我知道您也是奥黛丽·赫本的崇拜者。您和她有个共同点，都曾经做过芭蕾舞演员。您认为这有关联性吗？我们知道芭蕾是一种高度规范化的艺术。那么，您是否认为规范也是拥有幸福感最重要的因素之一？

美千子：我很荣幸能和偶像奥黛丽·赫本共享对舞蹈、对心灵之声的热情。芭蕾训练秉承一个理念，那就是艺术即规范。规范化的培养是自尊自爱的催化剂，而这两样特质都将以自由的表达形式展现出来。我们修炼心灵，向他人展示最好的一面，这些会令人产生一种满足感，幸福感也因此油然而生。

问：您认为美丽是从内而外散发的吗？如果是，那么对于很在意自己外貌的人，她们为何要并且如何学会坚定内心、自我肯定呢？

美千子：专注呼吸是自我肯定的关键。它不仅可以给你启发，还能给予你力量，使你觉得内心强大并且美丽（做最完整的自己）自内而外散发出来。首先，我们要以一种全新的充满希望的眼光看待自己。如果态度调整得当，我们会变得更现实、更亲切并且更美好，对外貌的担忧也会变成“我很好”的自信。说到这里有个方法，这是明星摄影师兼化妆师科比·班尼尔告诉我的。班尼尔认为要想终身美丽，我们需要以下三大法宝：

- 体态优美
- 眼神柔和
- 笑容真诚（表达我能行、我没问题的态度）

如果我们只注重皮肤，美丽就是肤浅的、毫无意义的。其实真正重要的是从更深层次发现自身的闪光点。我们不需要整容，尤其在与内心进行过深层次的对话之后，你就会发现这些外在的东西并不是必需品。早上醒来，面对新的一天，我们需要的是勇气。那种找寻生命意义、快乐源泉的勇气。只有它才能够真正给予心灵给养。

梦想不在远方

人生中没有一件事情可以称之为简单，做女人也一样。我 18 岁那年，在旧金山的一家塔可钟快餐店遇到了一位流浪女人。她说我长得太漂亮了，红颜薄命。现在许多年过去了，回头想想那个背着破袋子、衣衫褴褛、满面皱纹的女人对我说的话，我终于能够释怀。猜猜为什么？

因为她错了！当年的我并没有因为她那番话而在脑中埋下错误的种子，而是转变心态去想些令我感到开心的事。生活是由自己主宰的。如果你认为自己举步维艰，那么收获的就只能是烂苹果。因此，请尽量想象自己的光明未来。

试着把自己的理想形象化。现在就做。不要推脱，也不要觉得这种东西不属于你。在脑海中尽情勾画未来，然后用行动实现理想吧。

本书会帮你通过三个部分实现持久美丽的理想：心灵、健康与美丽。哪一部分最重要？同等重要，因为它们是影响你幸福感的三大要素。不过，对于我个人来说，心灵是首位的。你的心灵，你心中所想，心中所爱，心中所乐……与脸上的皱纹，还有什么面霜、公园漫步没有关系。首要的任务就是腾出时间给心灵给养。

为什么？因为脑中的所思所想会投射到现实中。你一定听说过那些效果显著的自助型图书。它们能够帮助我们找到真正的自我，战胜一切障碍，并发现内心真正的需求。如果你的内心的想法是追求年轻外貌，感受健康体魄，不让别人看出你的真实年纪，那么你现在最需要改变的是你的想法。

你每天的所思所想都会反映出当天的需求和感受。所以，在本章，我希望你学会如何将每天的生活内容形象化。想象一下你所期冀的最完美状况。也许是减肥成功。也许你个性比较害羞，希望自己能摆脱“安静”的形象，参与更多社交活动。不管你心里希望什么，你要做的首要工作是清除怀疑和不安的杂念。甩掉脑中出现的可恶声音：“要做到那样很难，你以为你是谁啊？”“那是不可能的。”“现在去妄想那些好事发生在你身上太晚了。”这些想法是完全错误的！

你知道有多少名人或者成功人士都“大器晚成”吗？太多了！我可以从玛莎·斯图尔特[1]列举到亚伯拉罕·林肯，这样的例子不胜枚举。所以，永远都别以年纪太大为借口，打击自己从头开始做某件事的梦想。去年，我在一家名家艺术馆工作，卖掉了许多件名贵的艺术品。这些作品的作者中有很多都是过了55岁才功成名就的。看看现在，全世界各地的私人收藏、画廊、博物馆中，都收藏或展示他们制作的艺术雕塑。他们今天所拥有的这一切，完全是因为他们不屈不挠的精神，以及始终相信梦想不会因为年龄而褪色的坚定信念。

因此，是时候重新审视自己的内心，找寻那些有待发掘的宝藏了。

---

[1] 美国家政女王。

如果你找到生活热情，心态自然就会回归年轻状态。当我们笼罩在幸福感之中时，整个人看上去会更有活力、也更年轻。到达青春之泉的秘密路径其实就这么简单。我们需要经常关注内心的声音，这才是带领我们向正确方向行进的引擎。

我的生活总是充满了创造力。每当我觉得自己有些志得意满的时候，总会提醒自己与内心对话，寻找新灵感。说到这里，我想与你们分享一位好莱坞传奇人物的故事。他就是知名导演约翰·哈德森，著名影片《浴血金沙》、《马耳他之鹰》、《巫山风雨夜》均由他执导。在他为《巫山风雨夜》拍摄选址期间，他和团队外出用餐。用餐时大家谈到了一个话题："世界运转的动力是什么？"有很多人的答案是"钱"，而轮到约翰·哈德森时，他不假思索地回答："兴趣。"他的答案道出了我的心声，因为如果生活中失去了兴趣与灵感，人生就变成了"自动"模式，只能日复一日有如行尸走肉般活着，永远都不会想到挑战自己。有谁想要像这样半死不活地过完一生呢？我们被赐予了一次宝贵的生命，难道不应该充分利用它发现并享受新事物吗？

所以，帮自己一个忙，在决定整容之前还是先问问内心的真实想法。不要盲目效仿电视真人秀《真正主妇》里的主角们，像她们那样去做价格昂贵的脸部整形手术。而是问问自己，怎样才能真正消除压力，不让岁月的痕迹显现在脸上。你有没有让自己感到快乐？是不是整天按部就班地工作，对这种无休止的重复感到厌烦？

诺曼·文森特·皮尔曾经说过："改变想法，改变世界。"这句名言想必每个人都耳熟能详，或者至少听到过类似的话。在我看来，女人不应该整日沉浸在面部护理，皮肤除皱以及眼角提拉这样的生活里。我想这个时候一定会有很多人默默地想，她不是在说我，是吧？当然不是。我指的是时下的那种流行趋势——女士们为了追求所谓的“美”而盲目地在脸上填充陌生物质。

进行更深层次的思考。深呼吸，放开思维，努力探索自我，找到你快乐的源泉和那些可以改变人生却被你遗忘的东西。要成为理想中的自己，任何时候开始努力都不算晚。

以下是我实现梦想的方法：

◆ 每天晚上睡觉前，在脑海中想象一下理想中自己的样子，或者完成理想时的感觉，就像用彩笔作画一样，不要放过任何细节。想象完之后别忘了说声感谢。每天晚上都拿出至少 5 分钟进行想象，这样可以把这种想法深深地埋在你的潜意识之中。

◆ 将梦想付诸实践。想要实现梦想，努力奋斗必不可少。世间任何成功都离不开毅力、意愿与行动。也许你的第一项行动就是拟出一份计划，然后有空的时候把它录入到手机里面。时刻专注于你的梦想，使其深深地扎根脑海。

◆ 将梦想告诉你所信赖的人，让他们不断提醒并鼓励你。

◆ 你周围有没有谁已经实现了你的梦想？肯定有的。那就按照我说的，找到他们成功的方法。分析别人实现梦想的方法，从中吸取灵感。

◆ 永不言弃。不要因为别人的劝说就放弃追寻梦想。保持活跃的思维，多思考、多想象、多祷告，让自己发现生活中可喜的变化。相信自己。引导自己对梦想充满热情。

在对美丽的探索旅途中，我们首先必须找到心中所喜爱的事物，找到只有心灵深处才能焕发出来的永恒光芒。你拥有实现梦想的力量。现在就开始努力吧。

记住，只有自己才能决定什么时候前进，什么时候实现梦想。一定要永远为自己勾画出最美好的蓝图。就像世界闻名的哲学家说的那样：“有梦想的人是世界的拯救者。”并不是所有的梦想都会成真。但是最终你会心存感激，因为在追寻不同梦想的旅途中你收获了如此之多的欢乐。

世界上的另一个自己

我属于那种特别喜欢结交女性朋友的女人。不管她们芳龄几何，我总是希望女性朋友越多越好。对交流的热情使我在与闺密们聊天时感到万分愉悦，同时也收获良多。你也许记得我的日常清单中就有与朋友聊天这一项。你的朋友多吗？如果多的话，那么请认真地阅读这一章。现在，从诸如《女性生活》的杂志到博客、论坛，都不乏这样的文章——“10个理由告诉你友情的重要性”。

这种标题最吸引我。我跟你们一样，都清楚地知道女性朋友为什么如此重要。以下是我心目中的三大原因：

◆ 朋友们会带来乐趣。跟其他女人见面聊天，了解别人的生活是一件万分愉悦的事情。

◆ 我们现在有这样一种说法，当你犹豫不决的时候，女性朋友可以帮你开阔眼界，做出抉择。

◆ 与他人分享自己的生活同样乐趣良多。

这些理由显而易见，根本不需要博客或者杂志告诉我们。本章的目的是让你对“友谊”的概念有更深入的了解，这一点对你的心灵大有裨益，可以让你不必再因为忧虑而眉头紧皱。那么，除了孩子、男人和家庭之外，女人还在乎什么呢?

朋友！然而不幸的是，我们每天晚上收看的讲述女性友谊的真人秀只会让人心生畏惧。女人难道真是电视里描述的那样吗？我相信这不是这些女人的本意。看到这种“主妇秀”的时候，我一般都相信里面发生的一切全是制片人策划的结果，并不是真的“现实”。你们也一定这么想吧?

毕竟，如果现实果真如此，女人岂不是真成了专门找碴儿的特殊物种？我理想中的真人秀应该是这样，它描述的是女性之间更深层次的友谊，这种友谊建立在爱和真诚的基础之上，是灵魂交流的结果。在这种友谊之下，朋友们互相支持、互相爱护，而不是吵闹不休、相互攀比。为什么在电视上我就看不到这样一群女人呢?

我知道你在想什么，你会说《欲望都市》里的女人们不就是这样吗?我想这也是这部电视剧红遍全球的原因。剧中，主人公每周末都和三个好友一起吃早午餐，然后互相抱怨一下最近的烦心事。谁不愿意拥有这样的朋友，过这样的生活呢?

反正我肯定愿意。为了学会去爱、学会接受，我们需要向朋友敞开心扉，分享生活的点点滴滴。

现在我要主动向你坦白，我偶尔也会被闺密们伤害。谁又没有过这种经历呢？那么当朋友开始对你的人格进行评价的时候，我们该如何判断她的语言是否越界了呢?

我要先说几点：

◆ 人生苦短

◆ 人无完人

◆ 活在当下

◆ 慎重择友

为何最后一项非常重要呢？原因很简单，如果你的朋友整天喋喋不休地指出你的缺点，要求你改掉这样或者那样的毛病，你一定很想赶紧断交或者换个朋友圈。你的朋友毕竟不是你的心理医生，她们没有心理学博士学位（或许会有人真有）。人生已经够辛苦了，还要成天忍受自己喜欢的人没完没了地用尖酸的话语批评你，挂电话的那一刻你应该有种想打人的冲动吧。

下面是一个小测试，能帮助你快速判断你的友谊状态：

1. 你期望和女友聊天吗？还是心里有种忐忑不安的感觉，怕自己遭到责骂？

A. 是　　B. 从不　　C. 有可能

2. 你相信她会给自己的孩子带来好的影响吗？如果你还没当妈妈，可以代入侄子或侄女。

A. 是　　B. 从不　　C. 有可能

3. 在和朋友相处或者打电话之后，你会变得更加不自信吗？

A. 是　　B. 从不　　C. 有可能

4. 在和朋友打电话或见面的时候，你会觉得有竞争压力吗？

A. 是　　B. 从不　　C. 有可能

5. 如果你向朋友坦言自己不喜欢她们的某个举动，你认为她们能接受吗？在相处过程中，你能做“真正的自我”吗？还是你尽量只展示自认为吸引她们的优点？

A. 是　　B. 从不　　C. 有可能

6. 你会经常在意朋友的想法吗？

A. 是　　B. 从不　　C. 有可能

这些问题没有标准答案。它们是用来给你自我评判的，让你看清你的朋友以及你们之间的友谊。如果你的回答中有一项是完全否定的，那么不妨看看本章的下半部分，我会告诉你怎样结交新朋友，怎样应对难相处的人，还有为什么朋友越多越好。

既然结交朋友有风险，为什么还要交更多的朋友？

答案很简单，朋友越多你的适应性就越强。当然了，你会有一少部分完全交心的至交好友。他们是你心灵的镜子，总是带给你积极正面的影响。每次与她们交谈之后，就像阳光温暖了你的心田，咖啡满足了味蕾一样，令你周身舒畅。

至交好友当然最棒了。不过，还是采纳我的建议，尽量广交朋友吧。总是和旧交在一起，没准儿会错过你一生中的黄金友谊呢。

我的女友们都棒极了。你们的呢？

去哪里认识新朋友？

别担心，我不会让你周五晚上去缤果餐厅结交朋友。不过，如果那是你附近比较大的公共场所的话，也可以试试！认识新朋友对于我们所有人来说都颇具挑战，因为我们必须克服内心的不适然后向他人“展示自己”。要向别人袒露心声并不是一件容易的事。不过，你可以换个角度来想。把交朋友想象成剥洋葱，一次剥一层，然后慢慢接近内心。友情提示，进入新的环境后，在确认谁是值得交心的朋友之前，不要轻易把自己的脆弱面展现出来。

下面列举了一些可以认识新朋友的场合（没准就能找到你最知心的朋友）：

◆ 加入书友俱乐部。你不喜欢看书是吗？那有什么关系呢？你可以通过书店或者图书馆加入一个群体，尽量让自己喜欢上看书。

◆ 去社区里面的教堂逛逛，或者参加某个小团体的活动。有什么地方是你大步走进去但不会觉得紧张的？当然是教堂，你去参加邻居们在教堂举行的庆典怎么会紧张！当然了，人们去教堂首先是由于信仰的缘故，那你可以加入一个女性《圣经》学习小组（如果你不信教，也可以加入小组认识新朋友）。没准这段经历能开启一段美好的友谊。

◆ 报一个舞蹈班。舞蹈是与心灵沟通的方式之一。上网查找或者看看社区公告板上是否有招生广告。尽情摇摆吧，同时也别忘了结交新朋友。

◆ 有没有人爱看茱莉亚 · 查尔德[1]的节目？没错，参加烹饪课的确已经是老生常谈了。不过说到烹饪课，我想起了一部有趣的电影——《美味关系》。这部电影是由诺拉 · 伊弗龙根据两本书改编而成的。一本是关于朱莉 · 鲍威尔[2]的，而另一本则是茱莉亚 · 查尔德的回忆录。参加烹饪课是一场真正的冒险，在这里你必然会结识其他的女人或者男人，这些人都有可能变成你的新朋友，也许还会经常打电话向你询问烹饪秘

[1] Julia Child（朱莉娅 · 查尔德，1912—2004年）是美国著名厨师、作家及电视节目主持人。

[2] 美国超人气写实主义作家。

方呢。你知道吗？在谷歌搜索引擎中输入茱莉亚·查尔德的关键字，下面会出现 55，200，000 个网站！真是太不可思议了！茱莉亚展现着最真实的自我，她是我们追求真美道路上的领航者。

所以请记住，人生中有越多的朋友，就意味着越多的选择，越多的乐趣，以及越多向他人学习的机会。友谊是浇灌心灵的圣水，你需要做的只是确认结交到了正确的朋友。如果你需要心理治疗，就找个专业的心理治疗师。不要让别人用尖酸刻薄的话伤害你，也许那个人只是想扑灭你内心的希望之光。

那么，怎样应对难相处的人？我知道，也许你现在正重新评判与某个朋友之间的友情，但是仍然没有做好断绝关系的准备。这个朋友是不是在一点一点侵蚀你的自信？那你应该怎么做呢？你是不是还没准备好与这个朋友一刀两断呢？来看看怎样与这种朋友拉开距离：

◆ 设定新的界限。

◆ 减少和她们在一起的时间。

◆ 对友谊保持正面的看法，从自己身上找找这段友谊变味的原因。

◆ 用更友好的态度面对朋友。有时候我们想不到，但朋友可能正处于困难时期但是却没有言明。为了防止误会，选择宽容的态度是最佳策略。时间会慢慢抚平伤口。别担心，如果你们是真朋友，一个小小的插曲是不会破坏友谊的。

友谊值得你全身心投入，也值得你探索。除此之外，它还会带来很多乐趣！所以，尽可能抽时间去跟别人交朋友吧！总有一天你会被一个懂你的朋友所珍视。所以再说一次，你应该做什么？没错，去结交新朋友吧！

笑着接受生活赋予的一切

20 世纪 90 年代我住在洛杉矶的时候，曾经与一个即兴喜剧剧团进行过短暂的合作。当时我们在日落大道的喜剧商店表演一出名为《肚子空间》节目。这种演出与独角戏完全不同，一场表演需要所有人配合才能完成。

即兴表演就是脱离于剧本之外，由你和其他演员一起通过情感流露与临场发挥来进行表演。即兴表演最吸引我的一点就是，它的规则是对现场任何发生在你身上的状况说“是”，然后自己再把故事衔接下去。在即兴表演的舞台上，任何情况都不能说不，否则剧情没法继续发展。

如果你总是能笑着接受生活赋予你的一切，那么生活将再美好不过。这就是我参与喜剧表演后的一点心得，这段经历充满了魔力与乐趣。请相信我，比起战胜怯场站在舞台上，喜剧是我做过最难的表演形式。

乔治·米尔乐曾经说过，“当我们走向极端，或者太看重自己的时候，别人的一点笑声就能将我们击垮”。人生是一场充满未知的旅途，我们需要改变，需要争分夺秒，需要物尽其用，因为你永远不知道下一刻会发生什么。

就像喜剧一样，当我们用心去衡量认真、规则以及情感之间的平衡点时，相信我，最关键的一点就在于：享受乐趣。

如果我们让自己尽情去做那些“狂欢”、摆脱烦恼之类的“可笑”事情，那么不知不觉中，我们的身心就会得到放松，仿佛给心放了一个暑假一般。这种可笑的时刻我们每周都应当充分享受。不要理会那些鼓吹容颜易老的广告，也不要羡慕那些二十几岁年纪就整容无数次的年轻演员。

现代女性的生活真的要变成这样吗？年轻女孩儿们通过整容手术来提升自信，她们不再正视内心的恐惧，也不再探究自己真正的需求。

享受那些可笑的时刻可以有很多方式。并不是说只有加入即兴表演团队才能享受“宋飞正传”那样的时刻。你不必为了追求短暂的欢乐而刻意使自己出糗。

快乐的秘诀首先在于放松身心，别总是把自己身上发生的任何事情都看得那么重要。是，你已经年过 40 了，那又怎么样呢？不要用布拉沃电视台里真人秀明星的标准来评价自己。你就是你，这是你自己的生活。要被朋友圈接纳，你必须放得开，让自己变得活跃一些。

敢于展现自己的幽默感

讲个小笑话博朋友轻松一笑吧。传递快乐，告别八卦，这样可以为朋友圈增添些新活力。上周谁做了什么手术，谁又发福了，谁的房子最大，谁的孩子运动成绩最好……这些事情有谁真正在乎啊？和朋友们一起放松点，找点乐子，笑一笑吧。

我最喜欢的事情之一就是和我的闺密们在一起。我非常热衷于运用自己的幽默感来逗乐她们，因为听到那些发自肺腑的笑声会让我感到满足。这么做的关键就在于——别总是端着自己。

相信我，如果你执意摆出一副自视清高的样子，从不寻找那些欢乐的时刻，那么，你在与人交往甚至是整个人生中都会错失很多乐趣。

你肯定听过那句广为流传的名言：“尽情舞蹈吧，无视周围的眼光。”但我却想说：“尽情舞蹈吧，享受众人的眼光。”与朋友相处时，尽量展现自己的幽默感吧。

曾经有一个朋友这样向我抱怨另一个朋友，她说：“她总是伤人心。我可不会和她走得太近。”“真的吗？”我回应道，“如果这只是传言，你最好先亲身体验过之后再做结论。即使受伤害也好过因为畏首畏尾而错过一个朋友。”这就是喜剧精神，就是即兴表演的精髓。在你所爱的人面前，为了活跃气氛出点小洋相是完全值得的，结果肯定不会让你后悔。

好吧，你可能会说：“我根本不懂怎么发掘自己的幽默感。我本来就不幽默。”这样的话，你可以跳过这章，直接去看那些物美价廉的美容产品了。如果你想一直紧绷着神经、无比严肃地活着，连稍微放松一些，让周围人感到舒畅都不可以的话，那么，你唤醒不了内心的童真，没有办法给身心放假。如果你可以略微放松一下，可以给自己找一些小乐趣，那你可以直接跳到健康那一章，没准可以将你的执着用在保持健康上面。健康也是美丽三合一方程式的重要组成部分。

认真地说，心灵是本书最重要的部分。你的心灵应该有这样的感受：“哦，太棒了。人生真美妙。今天我要享受更多乐趣。”相信我，当你的身体、心灵全部都沉浸在如何狂欢，如何享受人生的美好时刻时，根本就不会关心脸上是不是长了皱纹，下一次该往脸上注射什么针剂这一类的问题。

不知道我有没有表达清楚自己的观点。电视剧《宋飞正传》风靡全美，深受观众喜爱是有原因的。虽然这是个“没有主题的秀”，但是，剧中的四个主角伊莱恩、杰瑞、克莱默和乔治的生活无疑充满了欢乐。

告别肉毒杆菌，激活你的幽默细胞

◆ 大声唱歌。在浴室或车里都可以。通过歌声表达出情绪，让压力从你的双肩彻底消除。

◆ 在家里打开音乐，尽情跳舞吧。用最荒唐可笑的舞姿，可笑到你都不忍直视自己。相信我，将内心深处“荒唐可笑的一面”释放出来的感觉棒极了。

◆ 如果你今天过得不好，也没有任何乐子，那么就假装快乐。你完全可以骗自己今天很快乐。我经常这样做。我得承认，我的办法就是自嘲，嘲笑自己为了获得幸福感采取的一些极端行动。

◆ 要有点自嘲精神。想想艾伦[1]还有她那疯狂的舞姿吧。相信我，艾伦如此成功是有原因的。没错，她很幽默，可是她还知道怎样在大家面前踩准节拍跳舞。你能看出来她在节目中很享受，看秀的观众同样也受到这种快乐的感染。发明你自己独特的滑稽舞步吧，尽情释放自己！

◆ 开车的时候，头随着音乐节拍摆动。我懂你的感受。再加上一个肩膀的动作吧，就像麦当娜那样有范儿！

◆ 在办公室里轻轻用脚尖打节拍。脑子里哼着一首歌，随着节拍摆动身体。每天都快乐满满。

---

[1] 著名脱口秀节目《艾伦秀》主持人。

就像黑眼豆豆乐队的《今夜注定美好》里唱的那样，在繁忙的日程表中挤出时间来做做跳跃、弹跳的动作。跳跃、笑闹、吐舌头，尽情出自己的小洋相吧。要敢于摆脱装腔作势的形象，小小地放松一下。乡村音乐明星芮芭·麦克伊泰曾经说过：

> 要到达人生巅峰，只需要这三样东西：理想、坚持和幽默感。

我喜欢开怀大笑。我喜欢出点小洋相。我喜欢放松的感觉。我喜欢享受自己的“宋飞正传”式时刻，因为人生苦短，为了不错过任何快乐的时刻，我要主宰自己的人生，心甘情愿冒点出洋相的小风险。毕竟，你的心灵值得享受一次开怀大笑，对谁呢？对你自己！

女性是天生的领导者

对于女性的领导力，也许你毫不知情。我也是采访过安东尼 · F. 史密斯之后才知道女人生来就比男人具有更强的领导力。如果你曾经听说过这种说法，可能会想：“若事实果真如此，那为什么商界中 CEO 以男性居多呢？这种女性领导力的说法是否可信？它究竟是事实还是只是一种观点？”必须承认，在与史密斯博士进行这场深入访谈之前，我的心中也充满了怀疑。

安东尼 · F. 史密斯博士是《领导力的禁忌》一书的作者，同时也是领导力研究学会联合创始人、常务董事。领导力研究学会致力于帮助全球企业发展和评估领导力，它与许多大型知名公司，例如沃特迪斯尼公司、娱乐体育节目电视网以及可口可乐公司等都有合作。史密斯博士把毕生的精力都用于打造更优秀的领导者，他在书中告诉我们：“女性会成为更好的领导者（只要她们开辟的是自己的理想事业）。”相信任何年龄段的女性朋友听到这个消息，都会感到欣喜万分。因此，我有必要就这个问题追根究底，弄清楚女人是如何在领导力领域大放光彩的。

女性领导力

问：您在《领导力的禁忌》一书中，曾经谈到女人在商业领域拥有比男人更强大的领导力。能请您就这个问题谈谈吗？

史密斯：这并不是我的一家之言。这个结论有其科学依据，是基于优秀领导者所具备的素质得出的。在生活的各个领域中都不乏领导者及其追随者。当今美国，无论是性别还是种族，其多样性越丰富，对领导者影响力的挑战就越大。作为领导者，你必须思维敏锐的同时想法多样化。因此，女性借助其“全局性思维”的优势就更适应这个角色。如何从科学的角度证明这点呢？究竟是什么导致了男性和女性在“全局性思维”上的差别呢？这是因为，连接人类大脑左脑和右脑的器官叫脑胼胝体，女性的脑胼胝体体积比男性要大。现在谈谈为什么现实生活中，男性领导者比女性要多。从心理学的角度而言，女性更趋向于与他人建立关系，而男性则趋向于追求成功。女性在距离公司最高领导人仅一步之遥时，往往大多数人无意再向前迈进，因为成为公司领导者在她们心中并不是排在首位的。

问：在访谈开始前，您提到了特蕾莎修女，并将她誉为一位影响力深远的世界性领导者。您认为特蕾莎修女是怎样突破宗教的障碍的？她的性别是关键因素吗？

史密斯：女性富有同情心以及悲悯情怀。她们善于表达感情，而在这点上，男性则更习惯将情绪隐藏起来。特蕾莎修女肩负使命，这项使命促使她不遗余力地去帮助世界上陷入贫穷和苦难的人们。任何事都阻挡不了她完成使命的决心。所以，是的，我认为性别在她成为影响世界的伟大人物的道路上起到了至关重要的影响。

问：在过去二十多年的职业生涯中，您与诸如娱乐体育节目电视网、沃特迪斯尼公司、可口可乐公司等知名企业都有过合作。您的人生经历以及教育背景都令人印象深刻。请问您是如何发现女性比男性拥有更强大的领导力的？是在这二十多年来与许多不同企业以及管理者的合作中总结出来的吗？

史密斯：有两个原因。首先这个结论是有科学依据的。其次我业余时间会为领导者提供咨询，帮助他们在创业时期以及经济困难时期适应和改变。在咨询过程中，我发现，相对于男性，女性更容易接受他人的意见并且乐于倾听。在知人善用方面，女性的能力也更强，因为女性更乐于做协作者，而不是独裁者。所谓领导并不是单纯指企业的领导者，领导力的表现形式是多种多样的，从打理家务到担任教堂中的某个职位，这都算是领导，或者像马丁·路德·金博士，尽管他并未担任过一官半职，但我们仍然认为他是历史上最具影响力的领导者之一。优秀的女性领导者不胜枚举，像脱口秀主持人奥普拉·温弗瑞、百事公司首席执行官英德拉·努伊等。还有很多人的名字你可能不是很熟悉。不妨去看看福布斯富豪榜前500名的名单，你就发现她们很多都是世界顶级首席执行官。

问：在工作环境中，一个人相信自己内心的声音有多重要？您认为工作能力和听从内心这两者有关联吗？

史密斯：我在《领导力的禁忌》一书中一再强调，在进行商务活动时，一定要聆听自己内心的声音。在商务领域中，你经常会听到有人为当初的选择感到后悔不迭："如果我当时选择另一种做法该多好！"这说明他们原本知道正确的做法。优秀的领导者往往相信自己的直觉，听从内心的声音。那么直觉是什么？有些人可能会认为直觉是一种精神力，但是多数人都会选择从一个更符合逻辑的角度来解读它——直觉或者内心的声音是根据日常经历形成的一种认知模式。我来解释一下，这种认知模式需要极其细致的观察。那么现在请你猜猜，谁在这方面更胜一筹？是男性还是女性？没错，答案就是女性。

问：有些女人即使年过40岁，仍旧对自己的领导技巧颇有自信，希望能开拓一项新的事业。请问对这类女性您有什么建议？

史密斯：不要认为提高领导能力就意味着你必须变得更男性化。有时候女人失败的原因就是因为她们刻意效仿男性处理事务的方式。这并不是说女性的这种行为是绝对错误的，她们完全可以通过模仿男性领导者的部分特性来更好地融入以男性为主的职场环境。不过，女性还是应当保持自己独有的、与生俱来的领导能力。因为女性是天生的协作者，完全有能力成为令人心悦诚服的领导。

不得不承认，那天在结束了与安东尼·F.史密斯博士的访谈之后，我感到精神尤为振奋。在走向停车场的途中，我的腰杆不自觉地挺得更直了。我忍不住设想自己在周围的生活环境中变成一个更有信服力的领导者，成为一个更加优秀的妻子、妈妈、作家以及企业家。

女性是天生的领导者这个事实让我备受鼓舞，它为我的生活注入了全新的活力。所以，问问你自己吧，把那些未知的能力运用到你的生活中。如果你拥有优秀的领导技巧，想一想怎样让这种能力造福你的生活。既然你是天生的领导者，为什么不挖掘出这种潜能？

在一个女性仍旧受到禁锢的世界里，这个消息无疑是令人欣喜的。重要的事我们需要明白，女人的身份并不代表我们只能做花瓶一样的妻子，或者是照看孩子的保姆兼司机。你是家庭的主心骨，在处理家庭关系的过程中你的所作所为至关重要。因此，当你发觉自己成为某个群体的领导者时，拿出自信来为自己感到骄傲吧！

此外，你有没有什么事情一直想做，但是又觉得自己年龄太大因而有所迟疑？也许你会想："对我这个年纪来说，现在尝试新事物有点太迟了。"

把那些消极的想法都抛到窗外去吧！

无论是历史上还是现在，有许多成功人士都是大器晚成的。譬如茱莉亚·查尔德、摩西奶奶[1]、桑德斯上校[2]、安德鲁·波切利[3]以及哈里森·福特[4]皆是如此。因此不要再把年龄当作借口。找出你关注的重点、你的梦想或者热情所在，使你重燃心中的渴望，重新定义自己的人生。

就我个人而言，我喜欢经常变换工作环境。我从最开始做演员、模特，到在画廊销售高端艺术品，人生充满了不同的挑战，而我乐此不疲。不过这并不代表你也要马上辞掉现在的工作。

我在洛杉矶有一个好朋友，她可以说是一个很成功的女人。她原本在布景设计方面颇有建树，还曾经提名过艾美奖。但是与此同时，她也对珠宝首饰等领域倾注了极大的热情，她还十分喜爱与朋友分享这些方面的心得。如今，她已经是一类经典珠宝系列的代理，经常在朋友圈举办豪华珠宝派对。她的成功就在于满足了内心需求的同时还能赚点外快。有人可能会觉得想不通："既然她在布景设计领域都提名艾美奖了，为什么还要做其他的事呢？"因为珠宝首饰是她内心热爱的事物，她对这些事物充满了热情。

并不是说只有成为企业的首席执行官你才能感受到成功，心灵才能获得满足。你需要做的只是与内心对话，找到能带给你愉悦的兴趣所在。记住，要有创新性。

[1] 安娜·玛丽·摩西"奶奶"(1860—1961)大器晚成，在她的晚年成为美国著名和最多产的原始派画家之一。

[2] 肯德基的创始人。

[3] 意大利盲人歌唱家。

[4] 美国著名影星。

我的兴趣清单

参加绘画课

参加舞蹈课

参加创意写作课

锻炼健身

找人合作做小生意

学习新的商业课程，提高职场竞争力

想上大学的话就去读网校吧

请不要再给自己找任何借口了。科学研究表明，作为女人，你天生就有能力成就伟大。永远都不要因为自己的性别而自惭形秽，永远不要担心前路坎坷。开始制订计划吧，把你的计划写下来，然后展现出你与生俱来的领导力，让世界因你而精彩！请记得在脑海中用积极的态度和语言激励自己。唐纳德·特朗普[1]最近说过这样一句话："记住，如果你自己都不推销自己，别人更不会推销你！同样的道理，要相信自己，否则别指望别人会相信你！"

[1] 美国地产大亨。

带走青春的从来不是岁月

可以说，在我二十几岁的时候，就过早地经历了中年危机。25 岁生日即将来临的时候，我的内心充满了恐惧。我忽然发现自己的人生很不稳定，特别空虚。作为一个从密苏里山区小镇中走出来的女孩，在我那个年纪，家乡里年少时的朋友大多数都已经结婚生子了。

25 岁生日那天，我在斯蒂迪奥城的房子里醒来。当时我一个人住在一个单间小屋里，那栋房子的墙壁非常薄，以至于父亲总是开玩笑说我住在洛杉矶的窝棚里。不过现在回想起来，他对那间房子的评判的确是恰如其分。唯一值得庆幸的是，那是一间美丽的小平房，房子周围用砖围出一个小院子，还挺可爱的。我想房地产经理一定会这样描述它。

总而言之，当时的生活可不是我脑海中 25 岁时应有的人生画面。我对自己的处境感到既担忧又恐惧。试问，当一个人对生活中的一切都感到不满，无法应对时，应该怎么做？答案是，转变你的思维方式，主动寻找对策。如果你明明已经人到中年，却固执地希望自己回到 20 岁，每一年的生日都只能令你痛苦万分的话，那么你将自己送上了错误的人生轨道。

还记得第一条规则吗？就是“不要隐瞒自己的年龄”。为什么呢？因为年龄增长是一种福气。这个世界上有很多人因为运气不好而英年早逝。既然你还幸福地活着，就不要因为年龄增长而心生怨愤。你的年龄只是一个数字而已，不要用它定义你的人生。

电视真人秀当中的女主人公都是为了挣钱而表演，不要相信那种肤浅而虚假的生活方式（我相信在现实生活中，这些女人应该都很可爱）。别忘了，你看到的毕竟是以娱乐为目的的节目，这并不是真实的生活。

那么她们真实的生活是什么样子？又有谁在乎呢？我们还是先让你的生活踏上正轨，再想想为什么许多女人随着年龄增长会愈发惶恐，拼命往自己脸上注射抗皱、美颜针剂吧。

先说说我是怎样克服早期的中年危机的。

一开始我总是祈祷。没错，我希望能够得到指引。后来见过心理咨询师之后，我发现问题的根源在于我的想法是错误的，于是我认真地调整了心态。现在回想当初，自己一个人独自住在好莱坞的小屋子里，我忍不住露出微笑——那时的自己是多么勇敢啊！

幸运的是，我有个非常棒的祖母。她会经常邮寄一些调节心理的手册给我，帮助我学会转移消极想法。我的导师、同时也是我朋友的美千子也认真地向我传授她调整心态的方法：“达到放松的状态很简单，我们必须对自疑心理时刻保持警惕，时常重新调整自己，保持乐观的心态。”

我的朋友们都已经结婚生子，这并不意味着我就是个失败者。所以，我想提醒你们一点，不要将现实生活同自己设想中的“理想状态”作比较。

激活乐观心态的三个简单规则

规则一：别再和朋友的生活作比较。

规则二：如果自我怀疑的心态占据了你的大脑，记得帮助自己寻找积极的正能量。

规则三：每天早上醒来都告诉自己，生活将一切顺心。

从某种角度来说，当年我过早地感受到中年危机也并非毫无益处，反而可以说我是幸运的。它使我在年轻的时候就已经明白，年龄这种东西只会随着时间不断增加，任何人都无能为力。如果你与现实对抗，结果只会让你的内心感到更加惶恐不安。

有个朋友对我说过："我这辈子什么都不怕，就怕过生日。"很多女人应该都有这样的想法，我之前也一样。不过当我重新调整了心态，发现纠结于无力改变的事情只会徒增烦恼之后，我就不再害怕年龄增长了。我的心得是：永远不要与现实对抗。在任何情况下，不切实际的幻想只会带来矛盾冲突。

所以25岁时我对自己的生活做了一次彻底的审查。通过分析和计算，我终于找到了答案，明白了为什么那段时间我只能躺在窄小的房间里，瞪着天花板整日感到生活无望。

我终于明白为什么自己会陷入那种消极的心理状态。我年纪轻轻就做了模特，因为工作的原因在美国各个城市之间辗转。后来因为自己的形象比较商业化，就决定留在好莱坞谋求发展。我接受了经纪公司做演员的建议，因为拍商业片很赚钱。此后我就走上了商业片演员的道路。那个时候我刚刚和男朋友分手，因为我觉得双方性格不太合适。然后浑浑噩噩之中忽然发现自己已经 25 岁了，而我的人生却一片灰暗，似乎永远都看不到希望。没结婚，没人爱……25 岁的人生还可以更糟糕吗？

开个玩笑。不过那的确是我当时的真实感受。相信我，人生永远都不会完全尽如人意。没准儿那些拖家带口、住在大房子里的人还羡慕你呢，羡慕你的自由自在与洒脱。所以，不要拿自己的生活与朋友们比较。有时间倒不如仔细回想一下为什么自己会走到这一步，然后赶紧采取行动改变思维模式，重新规划你的人生。

当意识到结婚生孩子是我当时最大的心愿时，我就对自己发誓，无论如何要努力实现这个目标。我开始研究祖母露娜寄来的那些手册，开始重视“乐观心态的力量”。

在这里我要提到诺曼·文森特·皮尔（是的，我在上文中提到过他，我以后还会多次提到他）。他是一位著名的牧师，同时也是第一批撰写自我提升型图书的作者。他书中提倡的方法、原理都非常简单。改变你的想法，找到你的理想，然后采取行动。敢为、敢想、敢做。发现激情，感受快乐。追求理想生活，感受快乐人生。

皮尔曾经在他的书中提到过这样一条简单的准则：“像已经成功了那样去行动，那么理想就会变成现实。”这句话究竟是什么意思呢？让我给你简单解释一下，就是“假装”。要知道，我也不是每天醒来就开开心心的。相信大多数人都不是。但是我不会坐在那里干等着心情自己变好。而是有意地用一种“假装”自己很开心的方式生活。渐渐地，经过不懈的努力，我的心态会乐观起来，心情变得愉悦，脸上也会慢慢绽放出笑容。你也可以试试。

诺曼 · 文森特 · 皮尔给我的人生带来的改变是革命性、颠覆性的，他教会我通过一些简单的法则来追寻快乐生活。他的信念是：“上帝希望我们享受当下的喜乐，而不是静坐着等待上天堂。”（如果你是不可知论者[1]，没有关系，这句话的意思你也应该能理解。）

诺曼 · 文森特 · 皮尔重点强调的一个理念是：作为个体，我们拥有控制自己精神力量并改变人生的能力。人生不是一种虚妄的感觉，而是一条终点明确的道路，简单的想法可以为我们增添内心的愉悦，让我们的日常生活充满乐趣。诺曼 · 文森特 · 皮尔著有诸多自我提升型的书籍。他在向我们阐述人生哲理的同时，还提供了许多行之有效的练习方式，这些方法能够帮助我们成功获得积极的心态。

如今我已经 41 岁了，我非常清楚自己思想的力量，积极心态的力量，以及思想和积极的心态能够为我的内心带来多少快乐。尽管周围的广告、电视节目、真人秀都在不断宣扬我是如何需要睫毛生长液，但是如今的我已经不为所动，不再害怕年龄增长了。

正如我在本书开头所说，我正努力地用无限热情拥抱这个年纪。所以，开开心心地迎接你的生日吧，相信人生旅途中的下一段会跟年轻时候一样精彩。你的内心可以永远年轻。并不是说只有 25 岁的时候才能感到年轻，这种年轻的心态从根本上取决于你的思想。

所以这里要传达的信息是什么呢？那就是乐观看待自己的年龄和自

---

[1] 不可知论，或称不可知主义，是一种哲学观点，认为形而上学的一些问题，例如是否有来世、天主是否存在等，是不为人知或者根本无法知道的想法或理论。

身的状态。

青春并没有溜走。它可以永远留在你的心间。从现在开始，相信自己思想的力量，运用精神力来完善自我。你不是一个绝望主妇，而是正处于人生全盛时期的女性，既青春又美丽。珍惜这美妙的时光吧，勇敢一点儿，努力让心灵感受到静谧的美好。若是对现状有所不满，别担心，你完全有能力改变它，过上你想要的生活。诗人兼教育家玛雅·安格鲁说过：“相信自己拥有超越自我的能量，我才得以探索未知和不可知的世界。”

让我们一起来回顾激活乐观心态的几种简单且重要的方式：

◆ 充分理解“假装”理论并将其应用到生活中。

◆ 不要对抗现实。运用意念的力量，培养乐观的心态，让它们充实你的思想。

◆ 诵读一些激励人心的金玉良言。诺曼·文森特·皮尔认为，背诵《圣经》章节可以给人生带来力量。

亲爱的朋友们，你每增长一岁，都证明你足够幸运。人生苦短，稍纵即逝。因此，试着去接受年龄增长吧，只要内心能够保持年轻就好。重要的是保持积极的心态，相信未来。

没有什么比爱情更滋润

在追逐幸福的道路上，最重要的人生选择之一就是找到那个将与我们共度一生的人。也许你是不婚主义者，只想一辈子谈恋爱。也许你是已婚人士，但不知道自己是否找到了对的人。也许你还是单身贵族，或者刚刚离婚再度回归了单身队伍。不管你处于哪种状态，这都是我们在人生的某个阶段不得不面对的问题——人生伴侣。

我的人生总是围绕着这个主题打转。坦白说，在年纪还小的时候，我就总是幻想着和自己的白马王子“幸福地生活在一起，白头偕老”。这么说并不是因为现在我已经不再抱有这种想法，或者说我对自己目前的感情生活没有信心。而是现在的我更倾向于竭力感恩“当下的状态”。我很爱我的先生。他是一个充满魅力的男人，就是那种你穷尽一生去寻找，最后蓦然发现他一直在身后默默守护的人。“众里寻他千百度，蓦然回首，那人却在灯火阑珊处。”——你明白我的意思吧？我 38 岁才嫁给我的先生。那个时候的我已经拥有足够多的生活经验，这些经历让我能够看到他英俊外表之下的很多其他特质。别误会，我可不是要用“爱情故事”煽情来赚取你的眼泪。我只是想告诉你什么样的人才值得你付出，值得托付终身。我不会怂恿你去“傍大款”，我只会告诉你，如果你的另一半用语言伤害你、对你缺乏耐心和包容并且对你的梦想不屑一顾，那么请马上离开他，这绝对不是你要找的人。

为了结婚而结婚的情况太常见了。现在有多少女孩儿因为经受不住年龄的压力，害怕成为他人眼中的老姑娘，而盲目地恋爱、结婚。要知道，吃完结婚蛋糕、把婚纱束之高阁之后，剩下的就是柴米油盐这种现实生活了。所以，结婚之前，请你务必弄清楚是否能与你选的那个人相伴一生。请确定这个人与你相互信赖。在很多情况下，只有相互吸引和爱是不够的。

经常有人问我是否“爱”自己的先生。如果你和我关系亲密的话，就知道我的答案是肯定的。这段婚姻成就了最好的我。我的先生非常尊重我的梦想，他相信我的梦想充满价值并且终有一天会成为现实。他从不会催我减肥，或者跟我说：“你能不能不要再打电话烦我了？跟你的闺密们聊天不行吗？”他绝对不会这么做，因为他是我最好的朋友。我喜欢和他出去约会，只要有他的陪伴，我就很开心。这种感情就跟凯萨琳·赫本对斯宾塞·屈赛的依恋一样[1]。在他俩所处的那个年代，女人穿裤子都被视为有伤风化，凯萨琳·赫本绝对可以称为独立女性的先驱。她骄傲而遗世独立，连好莱坞知名的花花公子霍华德·休斯都无法打动她的芳心。她一直是自己的主宰，直到遇见了斯宾塞·屈赛。自那以后，赫本的人生就开始围绕着斯宾塞的喜怒哀乐打转了。

我和先生罗宾之间的情感经历就与此类似。如果二十年前，有人告诉我，爱情会在一家兰乔圣菲的礼品店中降临，我一定天真到无法相信。

[1] 凯萨琳·赫本和斯宾塞·屈赛是二十世纪三四十年代好莱坞银幕上最经典的情侣搭档。现实中两人也有着千丝万缕的感情纠葛。

那时的我脑子里还充满了各种幻想，认为只有特定的事物才会让我觉得幸福。没有想到，原来只要跟随着自己的内心感受，所有的一切都会自然而然地发生，根本无须任何附加条件。我以前从未想到草莓蘸上巧克力酱会如此香甜，也没有想过只是与周围人一起谈论了一下牛油果我就感到如此快乐。事实证明，一旦你坠入爱河，所有的一切在你眼中都会变得不值一提，只有这个与你共享人生的人才重要。连每天晚上可以看着他的脸庞入睡，都让你觉得如此满足。

我希望我们的婚姻长长久久，永远美满幸福。希望我们的夫妻情感会随着时间的推移更加深厚，彼此之间的爱更加浓烈。但是现在，我只想感激上苍赐予我所拥有的一切，并且对这一刻心怀感恩。

有的时候，我们总是喜欢在一段感情上贴上“永恒”的标签，似乎这辈子必须要与这个人一起走到尽头。然而事实却是，人生难以预料，谁也不能确知未来会发生什么。你所能做的，只是紧紧把握现在而已。所以，不妨接受我的建议。找到那个用心珍视你的人，然后保证自己从内心接纳了对方。不要被那些“坏男孩”迷惑了双眼，他们虽然看上去充满了魅力，但是在这些坏男孩的眼中，你只是可有可无的。如果一个与你朝夕相处的人，整天只会说一些尖酸刻薄，伤害你心灵的话，如果这个人让你变得如同行尸走肉一般，那么就趁早离开他吧！不要害怕独自生活，到不远的未来去寻找能够真正为你带来完美生活的另一半吧！

如果你已经与这个人一起步入婚姻殿堂，那就先找专业人士咨询一下吧。这段婚姻还可以挽回吗？你们两个之间曾经有过真爱吗？在心理治疗师的帮助下，也许你可以找到那些消极情绪的来源。

如果这个人根本冥顽不灵，仍然不断伤害你，那么就别再折磨自己了——勇敢点离开他吧。与其困在一段不健康的感情关系里，让心灵备受摧残，倒不如选择单身。

现在的关键问题在于，世上有灵魂伴侣这种存在吗？我的答案是——绝对有！

我相信尽管数量不多，但是灵魂伴侣绝对是存在的。但是这并不意味着你就必须把所有的幸福都寄托在另一个人身上。事实上，本书的一大主旨就是帮助你在人身的全盛时期找到自己独特的魅力所在。如果你真的要把感情倾注在一个人身上，这个人必须真正爱你，不会自己定义你的为人或者试图改变你的世界。

在走进第二次婚姻之前，我度过了 8 年的单身生活。三十几岁与第一任丈夫离婚之后，我就成了单亲妈妈。离婚之后我并没有急于寻找另一半，而是好好享受了几年只属于自己的生活。

我专注于自我发现之旅，在照看儿子的同时，忙里偷闲与闺密们小聚一下，一起享受欢乐时光。有时候我会想，之所以能够找到现在的丈夫，完全是因为我根本就没有刻意寻找，而是让他自己走进了我的生活。你应该听说过“温水里的青蛙”这则古老寓言，感情世界也是一样的道理。

在与一个新的生活伴侣建立永久关系之前，我会建议你考虑以下几项重要因素：

◆ 这段关系让你感到快乐吗？

◆ 他能让你看到自己的闪光点，帮你建立自信并使你相信梦想一定能够实现吗？

◆ 你们的生活方式和谐吗？你有没有每时每刻都想和他在一起？

◆ 他对你说的话让你感到身心舒畅吗？

◆你有没有一种冲动，为了帮助他而更加完善自己？

◆你喜欢和他单独相处吗？

◆你是否希望他过得好，自己不求回报？

如果以上的问题你大多数都能给出肯定答案的话，那么你就找到了自己完美的另一半。一点小建议：如果遇到这个人，千万不要因为自己还没有做好结婚的准备或者正在打拼事业就轻易错过。找到完美的另一半是一件极其困难的事情，如果你碰巧遇到一个能够容忍你的小脾气，同时又能为你撑起一片天的人，那么就聪明点，不要让他从你的指尖溜走。

人生是一场短暂的旅途，我们要么踽踽独行，要么就找到对的人结伴而行。只是在寻找伴侣的时候千万保证，对方不是那种言语刻薄喜欢挑衅的人。因为与其和这种人在一起消磨时光，一个人的生活会更好。还是留着你的勇气去找那个从灵魂深处疼惜你的人吧！在本章结束之前我要送你一句话供你品读。毕竟，只有你真正爱自己，才会在爱情来敲门的时候，拨开迷雾，看清楚对方的真面目：

爱一个人意味着相互理解、共同欢笑，笑从心来和彼此信任。记住，如果你无法做到以上几点，那就放开对方的手。

激情，让时间止步

生活是一个固定的过程，我们每天都在重复过去的日程。因此难免会有人对生活感到厌倦和枯燥。有时甚至会感到自己像机器一样，只是每天机械地重复着相同的事情。如果你正处在这种状态之中，或者你也曾有过相同的感受，那么本章非常适合你。在这一章，我们将主要探讨成就感对生活的影响。如果我们每周都能创造一些小小的成就，那么这些成就将激发出我们内心的无穷潜力。

你还记得那个职业拳击手吗？1976年，一部电影让那个名叫洛奇·巴伯的拳王风靡全美。想一想那个由史泰龙扮演的主角，想一想洛奇当时的处境——他的社会地位、经济状况以及年纪。但是，当机会来临，他仍然选择在擂台铃声响起的时候振作精神投入比赛。影片中有一个经典的场景我们恐怕永远难以忘怀：在费城的天空下，太阳渐渐从地平线升起，洛奇迎着朝阳一级一级地走上台阶。

随着这部电影的成功，洛奇系列电影应运而生。拳王洛奇不仅成为了电影中的传奇角色，甚至成为人们争相崇拜的偶像。人们总是会想起那个小号协奏曲中站立的英雄，不管经历多少起伏和波折，他都从不曾放弃心中的梦想。洛奇系列电影从 1976 年开始风靡世界，影响力到现在也未曾消退，这部电影目前已经赢得了超过 10 亿美元的票房。

如你所言，这个角色是虚构的。现实中确实有许多其他榜样比虚构人物更具说服力。但我只是想通过这个例子让你在脑海中形成这样一幅画面——你看到洛奇穿着灰色运动服在清早爬上楼梯顶端；你听到训练间隙缓缓响起的音乐声，听到为梦想拼搏的勇士身后奏响的小号协奏曲；你明白洛奇的战斗根本毫无胜算，但是这些却并没能阻止他的脚步，而是让他发挥出了最佳水平。

你有没有在生活中展现出最好的一面？你有没有为了成功感到欣喜的时刻？你有没有全身心地投入到实现理想的过程中？有没有因为这种专注而感到满足的时刻？如果没有的话，现在是时候全身心投入去实现自己的理想了。

所谓“拳王洛奇式时刻”，是指在每周七天的工作和生活中实现三个目标。不妨在日程表里面添加一些容易实现的小目标给自己吧，这样每当你实现某个目标的时候，都会有切实的成就感，让你体会到洛奇爬上费城阶梯顶端时的感受。你知道吗？现在费城矗立着一座洛奇高举双手的雕像。它象征着战胜自我获取胜利。当你实现目标的时候也是一种小小的自我胜利。只要创造出自己的“拳王洛奇式时刻”，你就能够使每一周的生活都充满活力，能够感到生活步调协调并且自己更加鲜活有意义。

如果你不想成为职业拳击手，千万别懊恼，我并不是建议你加入这个行业。我只是希望你能够发现那些生活中能够为你带来成就感，让你感到精神振奋，迫不及待渴望实现的事情。想一想洛奇高举双手欢呼自己胜利的那一刻，难道你不想感受这种荣耀时刻吗？

你的生活中有没有这种精神为之一振的时刻？悄悄告诉你，我总是会特地给自己安排一些小目标，就是为了时常能感受这种胜利时刻。我甚至专门下载了洛奇电影中的主题曲，每天在绕着小区慢跑的时候都会听。

在人生的任何阶段，最难做到的就是永远保持积极向上的热情。因此，我们必须自己激励自己，每一天都找到让我们为之奋进的事物。试想，如果不能经常感受到让自己骄傲的时刻，那么人生会错失多少美妙的时刻！即使你每周的日程安排得再紧凑，生活再忙碌，也要腾出点时间来，做什么呢？享受每周三次的“拳王洛奇式时刻”！

麦克米伦英语词典中对“荣耀”的定义是：“当你完成了一项令人佩服的事情时，所获得的敬佩与称赞。”所以尽情想象洛奇每次实现梦想时就站在阶梯顶端的场景吧！这个画面会赋予你更多的激情。想想你究竟想要实现什么样的成就，制订好计划，然后开始行动吧！

我的“拳王洛奇式时刻”：

- 参加健身房早上六点的动感单车训练课。
- 抽时间画画（真希望能多点时间画画）。
- 健身的时候比平时多跑一英里。
- 完成一项心里老记挂着的写作项目。
- 早点起床，抽时间做冥想练习。
- 想吃糖的时候一定要按照每周的健康食谱进食。
- 找时间读一本好书。

你也看到了，并不是所有项目都和健身有关。但是所有的目标都是一些小事情，确保我能在每周的间隙抽空完成。每当完成之后，这些小目标总是能给我带来成就感，让我想高举双手欢呼雀跃。

对于女性来说，步入中年就意味着进入了一个更加神圣而特别的阶段。我们的身体状况以及人生态度都会从每天的表情上反映出来。你现在的生活是每周创造几个“拳王洛奇式时刻”来激发青春活力，还是度日如年，为每年的生日而感到惶恐不安呢？千万不要因为日历上面一个微不足道的日期，就自怨自艾，认为年龄增长会使自己不受欢迎。

有时间就练练瑜伽，学学冥想，学着在每周的日程里面安排一些容易实现的小目标。让自己的思想、灵魂乃至身体都更具有创造力。

行动起来，将“拳王洛奇式时刻”排入每周的日程表吧。你的小目标是什么？你会安排时间让自己享受荣耀的时刻吗？我希望答案是肯定的，因为这一切，你都值得拥有。

我可能永远都不会把 10 亿美元这种目标排进日程表。也可能永远都不会去费城攀爬那个为了纪念洛奇而建造的阶梯。不过，我可以自豪地说，每周我都为了享受片刻的荣耀而努力奋斗。我会尽力去设定好我的小目标，然后通过点点滴滴的行动让自己梦想成真。这些事不需要太复杂，即使是清洁家里厨房也一样能带来成就感。

每周都抽出时间，尽情想象一下你能够实现哪些目标，什么样的事情能够让你获得成就感吧。想到就把这些事情写下来。每周选择三项即可。你准备好攀登胜利阶梯了吗？你准备好让自己感受荣耀时刻了吗？

三件“最重要的事”

你有没有过这样的经历：某一天你突然扪心自问：“这样生活有什么意义？”当我们失去精神动力，缺乏安全感并对生活不再抱有热情的时候，人生就会被阴霾笼罩，变得毫无意义。这时我们很容易会陷入自怜自艾的困境中无法自拔。有的时候也许你会需要博得周围人的同情，因为生活环境难以掌控，可能刚参演了一部戏，戏份却很少，可能刚买的新车出现了划痕，可能银行卡里的钱所剩无几，也可能因为住在对街的邻居中了彩票，他以后每周都能从出版交换所公司领取 5000 美元，这件事令你嫉妒不已。总之，这种倾诉是人之常情，相信大家都能理解。

你会想，为什么我就没有中奖呢？为什么我就这么倒霉？

相信我，我也有过那样的想法。记得在 30 岁出头的时候，我参加了一档真人秀节目，那段经历实在是太糟糕了。在那个年代，真人秀直播还是一种比较新颖的概念。毕竟那时的我还是个演员，因此不得不承认我完全是被那三个金光闪闪的字母吸引了——NBC(美国国家广播公司)。为了节省篇幅，我就不再赘述整个真人秀的拍摄过程了。简而言之，那档真人秀节目的目的就是一方面让嘉宾们参与测谎，另一方面极尽所能地羞辱每一位参与者。需要承认的是，在参与过程中某些环节还是十分有趣的。可是，当节目结束回到现实世界中的时候，我的心总是会被深深的失落感和挫败感所占据。那时候的我，刚刚 30 出头，离了婚，独自带着一个 3 岁的孩子，事业因为年纪的缘故也开始进入瓶颈期。我觉得那档真人秀夺走了我身上某种宝贵的东西。我为自己的人生际遇感到愤愤不平并且急切地渴望找到答案——我的生活究竟什么时候才能有起色？我要怎样才能时来运转？这种心理状态持续了整整三周，直到我开始阅读自我提升的书籍才有所缓解。你脑海中一定出现了这幅场景：一个离婚的中年女人，穿着睡衣懒散地坐在壁炉旁边读书，希望自己的人生能重回正轨。没错，那就是我。

尽管如此，但事实证明有些老生常谈确实是在实践的基础上得出的真知。在那段深刻自省的时间里，我深入地了解了自己的内心，也不再把自身的问题归咎在别人身上，这些举措终于让我慢慢找回了内心的平静。

自那之后，我明白了一个重要的道理，就是“人在什么时候就该说什么样的话”。我不得不告诉我自己，除非我决定一辈子生活在洛杉矶，不停参加试镜。否则我必须改变生活状态。我是一个离婚的单身母亲，一个人带着儿子生活在圣地亚哥。是时候审视内心了，我必须找到自己热爱的事物，能带给自己灵感的事物，再找出为了重获自信我究竟应该做些什么。

尽管真人秀节目让很多人一夜成名，成为家喻户晓的巨星。但这档节目却只能让我坐在昏暗房间的沙发上守着自己写给制作人的信独自哭泣。我对自己当初同意上真人秀的决定感到异常愤怒。因为那个选角导演很早就和我相识，是他邀请我参加的。所以我被动地参与了这场真人秀，并且有一种被人利用的感觉。

对于那档真人秀节目对参与者极尽所能的羞辱，我感到万分难过。节目制作完成之后，我还收到了节目组的礼物，是一个象征我名字缩写的 M 型钻石项链（当然，不止是我，每个参加节目的女孩都有）。不过，我将项链转赠给了节目组唯一一位对我很真诚很友好的工作人员。他为人十分友善，节目录制期间，当我在测谎室门前等待入场的时候他总是主动找我聊天，问我在密苏里农场成长的经历，借此帮我转移注意力消除紧张。他的真诚大概是这档节目中我唯一见到的真实了。我很高兴自己把项链转赠给了他，向他表达出了我的谢意。美中不足的是，当真人秀结束之后，我的朋友们听说我把钻石项链送给了别人，她们都觉得我疯了。毕竟所有的参与者都把这根项链当作纪念好好保存起来了。不过，她们又没跳过那个火坑，怎么会理解我的感受呢？当然了，这些事在某种程度上有些夸张，不过那是我当时的真实感受。那么究竟是什么帮助我度过了这一段低谷期，让我重新找回了生活的热情呢？

三件重要的事物是指什么？

◆ 让你相信的事物

◆ 让你自豪的事物

◆ 激励人心的事物

这个哲理来自我的母亲，能有她这样的母亲我感到很骄傲。为了不让这本书偏离主题，我就不在此一一阐述我母亲的魅力所在了。不过我会用她的亲身经历为你们解释这三件重要的事情。

让你相信的事物

你知道自己相信什么吗？如果需要用一句话来概括，你将如何定义它？你注重自己的精神世界吗？你有没有信念？你相信人性本善吗？你有没有什么具体的信仰？你相信什么？如果你任何事都不信，不相信有东西能够激发你的思想让你充满积极的心态、不相信有什么事物你从内心深处觉得十分重要的话，与其过这样的人生，不如现在就开始写自己的墓志铭。在陷入低谷的那段时期，我知道自己必须重头再来，重新寻找人生的新方向，也是在那时我意识到自己相信的事情有许多。我相信人生的美好，相信人性本善，相信世界是有光的，而现在遇到的困难只不过是旅途中一颗微不足道的绊脚石。我相信上帝是爱我的，重拾自信，不再自我怜悯。

参加了一个糟糕的真人秀节目而已，那又怎么样呢？生活中我有这么多重身份：妈妈、女儿、朋友，此外，我还是一个坚强的女人，不能让一段不好的经历或者其他的挫折将我打倒，我必须始终信心高涨、心态乐观。我相信很多事情，这其中最重要的就是，我信任自己。我的建议是，花点时间把你认为自己相信、对你的生活造成影响的事物记下来。如果说经历那场糟糕的真人秀就只是为了遇到这一个真诚的人，只是为了让我明白这个世界上仍然有善良的人存在，仍然有人愿意关心我，那么，遇到那个人是一件多么幸运的事！能够有机会感受到他人的善良，这说明我仍然是幸运的。所以，不要让人生的挫折将你击垮。不要为他人的成功感到自我沮丧。用心去看待这一切。调整你的步伐，找到自己相信的事，这样你就能战胜不安，勇敢地大步向前。

让你自豪的事物

如果生活中没有什么事能让你发自内心地感到自豪，那么我建议你尽量多花些时间“独处”。静静地坐下来寻找能够让你的内心感到骄傲和满足的事情。当我感到浮躁的时候经常会这样做。我总是会回顾自己的人生，然后想起自己对写作的热爱。我曾经写过一些东西，其中有一部三幕戏剧，反响还是不错的。想到这些之后，我会思考如何将写作的爱好与工作结合起来。很快我就发现自己可以去南加州的报社工作，写写新闻通稿之类的。这之后不久，我就拥有了自己的专栏，进行专栏创作的过程让我充分享受到了写作的乐趣，我每时每刻都感到身心愉悦。工作之余我在自由创作上也投入了极大的热情，开始向南加州的各大杂志投稿。

在你的人生中，有没有什么成就让你感到自豪和满足？也许你一直都爱好绘画，也许你一直想学西班牙语或者报名参加烹饪班。并不是只有在人生低谷的时候才有必要追求生活的新意。我之所以讲述真人秀的事情，只是为了让你明白，我的人生也曾经历过各种起起伏伏。人生就是一场挑战。每一年过去的时候，我们都需要审视自己的人生是否合乎心意。找到令你自豪的事，朝梦想勇敢前进吧！如果你早就想参加马拉松比赛的话，现在就让梦想变成现实吧！

激励人心的事物

实话实说，生活有时候是单调乏味的。要想人生永远充满激情，我们应该做些什么？答案就是找到能够带给你激励的事物！你知道它是什么吗？或者你认为是什么？对于我来说，有许多事物能让我精神振奋。确实如此。但是这其中我最偏爱的嗜好就是一个人舒适地躺在床上看书，床边堆满我最爱的各种读物。需要我说得具体一点是吗？那就是读一读我喜欢的作家的小说。我的这个小爱好是人生中获取激励必不可少的源泉。我无法描述一本书展现在我面前的全新世界能够带给我多少心驰神往的时刻。比如马克·萨尔兹门所著的《醒着》就是一个绝佳的例子。书中描绘了一个能看见上帝的修女。之后的故事情节中你会发现，原来修女的大脑中长了肿瘤，这就是她经常看见神圣场景的原因。如果脑瘤被切除，她就会失去与上帝亲近的机会。那么她会冒着生命危险，保留这个上天赐予的天赋？还是会选择接受手术，然后忍受回归平庸的心理煎熬？作为读者，读这本书时你会有一种身临其境的感受。

这本书深深地震撼了我的灵魂，它让我感动得潸然泪下。这位作者教会了我另一个层面的信念、真爱与奉献。生活在一个扼杀我们天赋的残酷世界里，我们仍然要爱吗？当我们丢失最爱的东西，我们心中还会存有信念吗？马克·萨尔兹门所著的《醒着》促使我对自己问出同样的问题。

阅读能给我灵感，能让我看到人生中新的冒险，甚至重新定义自己。读索菲·金塞拉的书能给我时尚的灵感，让我买一些有个性的设计师品牌服装来丰富我的衣橱。读露安妮·莱丝的小说能让我爱得更深沉。她在书中倡导我们思考爱的含义，思考为了自己最爱的人，我们愿意付出怎样的代价。在《伊利斯岛》一书中，爱尔兰历史小说家凯特·凯利根带我回到过去，感受一位初到美国的爱尔兰女人的心路历程。阅读小说能让我找到灵感，暂时从现实世界逃离，并且找到人生的意义与激情。

获得激励这个说法其实已经有点老生常谈了。这并不是时下最新最潮的理念。在这个被智能手机、平板电脑占领的世界里，有很多新鲜的小玩意儿占据了我们的脑海，我们必须主动寻找灵感，为我们有限的生命增添价值。去寻找激励之源吧，让我们每天都有新的灵感，充满对生活的热情！

每天都做些给你带来灵感的小事，哪怕只是读一本书也是好的。人生若是总是缺少激励，生活就失去了滋味，没有目标和意义。这本书首先要做的就是让你与内心对话。如果不了解自己甚至不喜欢自己的话，那么从现在开始，对自己好一些吧。不要总是对自己那么严苛。不要总对自己说消极负面的话。要做你自己最好的朋友。找到那些能带给你快乐、骄傲、灵感以及信任的事物。多花时间关注自己。如果每个人都将关爱自己的心灵放在首位的话，那么像长皱纹这种小事根本就不足挂齿。总而言之，不要让那些意料之外的小事变成你的困扰。我努力尝试找到一个能够容纳我梦想的新世界，然后彻底告别演艺和模特的生涯。我以前从来不知道这个新的梦想是如此美妙。有时候，人生的低谷其实正是蓄势待发，找到新生机的完美时刻。

不放弃，所以终会到达

我一直都怀揣着梦想。当我还是个小女孩的时候，就总是喜欢找一个安静的地方，尽情地畅想未来的每个细节。这个安静的地方往往都是在我的马背上。我的马叫做帕其丝，它是匹红白相间的马，就是那种在老式牛仔或印第安电影中经常能见到的类型。帕其丝是我的骄傲，我还生活在密苏里农场的时候，经常不戴马鞍就骑到它的背上。农场后面栅栏附近有一片开阔的田野，田野上有大片的橡树。那片桉树下的阴凉处是我的另一个据点。我骑着帕其丝在干草地里自由驰骋，累了之后我们就会去橡树荫下休息，任凭阳光透过枝丫和树叶洒在我们身上。我是农场里长大的女孩子，所以我喜欢光着脚丫在田野里奔跑。我的童年基本就是在马背上和那片橡树荫下度过的，完全是一种典型的中西部农场女孩的生活。

记得那时，我躺在帕其丝的背上和它一起在树荫下乘凉。我望着头顶树枝缝隙投下来的缕缕阳光，思绪飘到了未知的远方。那时我就清楚地知道，不管我多么热爱乡村生活，终有一天还是要去城市打拼的。就这样在橡树底下做了好多年的梦，然后我渐渐长大。但脑海中的梦想一直都是那样的真实而具体，我知道它们终究会变成现实，这一点我从来都没有怀疑过。

1989 年我高中毕业，动身去了离家最近的城市——堪萨斯城。然后辗转去了旧金山，后来在纽约待了几个月，最后来到了洛杉矶。在大城市里工作和生活，我从来没有因为自己是来自中西部的女孩儿而感到惶恐不安。我相信自己和其他人一样都能在城市里如鱼得水。可见，我小时候躺在马背上躲在树荫下的时候，就为之后的现实埋下了梦想的种子，随着那个梦想渐渐成熟，我的内心促使我不断地追逐，直至梦想成真。

现在当我回顾起这些年来的经历，也会好奇自己当初怎么会有如此大的勇气，就那么义无反顾离开家乡独自到大城市打拼。庆幸的是，尽管高中毕业后我就离开了家乡，但是那片农场的干草地和中西部的价值观将始终存在于我的心中。犹记得定居加州多年之后，有高中时代的旧友打电话来，问我什么时候搬回密苏里州。我回答说："不回去了，我就在这里定居了。"

毫不夸张地说，朋友的反应非常震惊。而现在，随着年龄增长，我对密苏里的思念也与日俱增。我想起小时候，炎炎夏日的夜晚，我坐在露天庭院中啜饮着香甜的茶水，耳边传来此起彼伏的蛙鸣声。那是一种质朴而悠闲的生活。我小小年纪就有了对自由的渴望以及对梦想的信念，这些东西促使我坚定地离开家乡，开始独立生活。感谢儿时的梦想，是它成就了现在的我和我现在的生活。每个选择、每个想法都可能很快变成现实，所以时刻关注自己的思想，也许某一天，你的想法毫无预兆地就实现了。

俗话说得好："小心许愿。"

梦想，它到底意味着什么？"想象力的再创造"是梦想的主要含义。

当我们发挥想象力，感受自己的意愿时，我们就是在编织梦想。当然，这只是实现理想的第一步。只有愿望还远远不够，还必须要付诸行动，努力奋斗。追逐梦想的路途不会永远一帆风顺，但当梦想变成现实的那一刻，内心获得的愉悦也是无法比拟的。目标总是与梦想紧密相连，作家、人生导师托尼 · 罗宾森对此曾经说过："目标就像磁铁。它们专门吸引那些能令目标实现的东西。"

梦想或愿望成真能够提高我们的自信心与自我认可。如果你是那种现实主义者，认为梦想不切实际，拥有梦想的人都是做白日梦，那么，你需要重新定义你心目中的梦想。电影《麦迪森郡之桥》中有一句台词我很喜欢：

> 曾经的旧梦都很精彩。尽管它们并没有实现，但是曾经拥有这些梦想仍然令我觉得满足。

梦想能令我们的思绪从现实中暂时逃离。主动构筑新的梦想，为未来出谋划策是一件极为振奋人心的事情。诚然，并不是所有的梦想都能成真，不过相信明天有希望总是快慰人心的。

当今世界，新科技层出不穷。因此，生活在这个时代的孩子们在很多方面都远远超越过曾经的我们。尽管如此，现代社会却缺少了某种能够激励青少年的元素，让他们不敢大胆创造梦想，勾画自己未来的模样。我们许多人都忙着抱怨政府和不尽如人意的环境，根本无暇主动编织梦想、展望未来。

是的，我已经不再是模特，不再是演员，而是一个步入中年的普通女性。也许注定以后我只能年纪更大，更老成。甚至周遭的压力也只会让我觉得我已经走向人生的下坡路。这些统统都没错。

但是，是时候拱手认输了吗？我并不这样认为！

恰恰相反，现在正是你重拾进取心、畅想后半生梦想旅程的时候。还是多花点时间认真思考一下这个问题吧！让自己的梦想再大胆一些；对梦想的信念再强烈一些；在追逐梦想的时候再现实一些。但是，切记：不要满足于眼前的成果而止步不前。不要低估自己的能力，毕竟你已不是那个 18 岁的少女了。

回首过去的经历，我很感谢自己在年轻的时候坚持了梦想。我要谢谢曾经的自己，不曾放弃，不曾认输，一直勇往直前，坚信梦想终会成真。我是年过 40 了。我也是那些整容广告的目标人群，它们无休止地告诉我，需要提拉、除皱、填充或者使用睫毛增长的产品。但是，我绝对不会让那些广告定义那个内在的我。对于那些鼓吹女人需要依靠整容产品留住青春的广告，我完全不屑一顾。我建议你也这样做。

不仅如此，我们还要在内心深处为自己的未来构筑新的梦想。没准你能完成超乎自己想象的目标，给自己创造意外惊喜呢！

你想知道我现在的梦想是什么吗？我最近在计划搬到墨西哥坎昆南边一个漂亮的小镇——普拉亚德尔卡曼去。每周我都会为这个梦想添加更多的细节。我仿佛能感受到加勒比海迎面吹来的微风，又咸又湿的海风中还夹杂着海腥味。我能听到梦想小屋外热带鸟类的叫声此起彼伏。我想象着每天早上一边烤着吐司，一边用咖啡机煮出清香浓郁的咖啡来。最精彩的是，我会看到我先生的脸上绽放出最灿烂的笑容，因为这个地方是我们两个人共同心之向往的人间天堂。这就是我的梦想之塔。那你呢？

探索内心比肉毒杆菌更重要

究竟什么是冥想？它对消除皱纹有什么功效？你知道吗？很多习惯性的面部表情经年累月之后就会形成永久的皱纹。互联网上有资料显示："随着细小肌肉永久性地收缩，就会产生眉心的皱纹以及眼角周围的鱼尾纹。"

如果事实果然如此，而我们又提前知晓了这些情况，那么要预防那些令人讨厌的皱纹，最简单的方法就是克制自己的情绪。在表达愤怒、悲伤和恐惧这三种情绪的时候，你知道自己的面部表情是怎样的吗？

现在不妨请你来做一项测试。请你在一周的时间内，只要想起这件事，就拿出镜子看看自己在表达这三种情绪时，脸上的肌肉是如何运作的。如果你能确定在哪种情绪下自己会皱起眉头并且意识到自己在这么做的话，你就可以有效抵抗皱纹出现了。这样的话也免去了面部填充剂对肌肤的损害，还可以节省上千美元的整容费用。

在我写这本书的时候，有人问我："那如果有人天生眉心就长着川字纹呢？那要怎么办？难道你要说不满意自己的长相也不能整容？"

我解释道："是的，的确如此。这就是本书主旨所在。你可以修饰和改造本来的容貌，但是不一定非要通过手术。”不要只因为整容是“流行趋势”你就盲目追随，在冒着健康的风险做手术之前还是先好好调查一番吧。说不定会有其他更好的选择。找整容医生看上去是轻松又快捷的办法，但是真的有必要吗？问问自己，有没有什么更简单的方法能够消除皱纹？

答案——确实存在！

请牢记，你的脸是独一无二的。所以，我建议你在做整形手术之前先做三件事：

◆ 丰富内在心灵，让自己感到更多的安宁、关爱和快乐。这些都将反映到你的心情、态度和幸福感上。

◆ 整容手术都会用笔在脸上用 X 做标记，然后注射可能致人死亡的毒素。你应该找找其他能替代手术的方法和产品。仅仅在美国，就有超过 3000 人死于肉毒杆菌。

◆ 选择简单的方法。阳光太强烈的话要戴帽子，戴墨镜。晚上需要花时间护理皮肤。

即使注射入脸部的肉毒杆菌剂量不大，它也会有如下常见的副作用：

◆ 短时间的瘀青

◆ 头痛

◆ 呼吸道感染

◆ 出现感冒症状

◆ 上眼皮下垂

◆ 恶心

- ◆消化不良
- ◆在与他人交流时情感麻木

现在你可能会奇怪，为什么这些内容要放在心灵这一部分。这只是我的一个小提示，防止你去盲目追逐潮流做那些整容手术。我只想告诉你，与其纠结于皮肤的表象，不如从更深层次上去寻找皱纹生长的原因。从而从根本上阻止皱纹再生。那么究竟应该怎么做呢？放松！不要总是为了容貌而忧心忡忡。把重心放在关注内在上，让自己的内心变得更自然、更平和。我还要告诉你，你需要做的第一件事就是抚慰自己的心灵，找到内心的寄托之处。别再让周遭的压力使你表情凝重了，放松心情才会让皱纹统统消失不见。

有没有人习惯做冥想练习？要不要试试领悟禅宗真谛？如果你有时间花钱去做整容手术，那么找点时间做冥想练习肯定不是难事。下面是一个简单的冥想任务，即使平时很忙也可以抽空来做。

平躺在床上，头部尽量与脊柱保持在同一条直线上。屈膝，这样有助于保持姿势（你也可以在瑜伽垫上做这个练习）。将双手放在肚子上。双手拇指、食指分别相对，合成一个钻石的形状。请将双手置于胸腔以下的位置。双手轻轻放在肚子上，让自己感觉吸气和呼气的动作。

摆好姿势以后，集中精神做五次深呼吸。用鼻子吸气，然后用嘴缓缓吐出。在吐气的同时，轻轻地发出“啊”的声音。深呼吸的时候，要向身体内吸入尽可能多的氧气。当你感觉身体已经被空气填满时，短暂地停顿一下，然后缓慢地吐出空气，轻轻地发出“啊”的声音。躺在地板或床垫上时，始终保持肚子肌肉收紧的状态，紧贴地板或者床垫。然后重复这个过程。在练习过程中，如果你走神了，需要将注意力重新集中到呼吸上来。观察呼吸，感受呼吸对你身体的作用。

每天都坚持做这个冥想练习。我通常习惯在睡前做冥想，这样能帮助我释放大脑中的压力。吸进体内的氧气就像身体运转所需要的燃料，同时排放出去的都是忧虑。

冥想练习带给我的基本启示之一，就是整个社会都倾向于急促呼吸。而我们的思维每时每刻都在高速运转。当我们有意识地进行深呼吸的时候，可以转换思维，让身体重新获得能量，使人感到更加踏实。时刻保持身体的稳重感。这句话的含义是什么呢？你可以将自己想象成一棵树，我们都知道，树根是深深地扎根在泥土里的。与此类似，你的脚就像树一样，稳稳地与大地连在一起，这样你的思想就会更加务实，更加关注当下的生活。让我们的精力和思想从身体内部集中在呼吸上，这样有助于我们放松心情，达到一种更加平稳的状态。

近来，我刚刚度过了极其忙碌的一周。面对现有日程中加入的这么多额外紧急任务，我简直不知道应该如何完成。这样的日子仅仅过了半天，我就感到焦头烂额，头痛不已。因为知道这周必然会异常忙碌，我不停地希望时间能够流逝得再快一些。这些事情使我的神经高度紧张，整个人变得十分暴躁。

根据之前的经验，我知道冥想练习能够帮助我改变这种情况。我可以通过把精力集中在呼吸上，找回自己平和的心态。尽管生活可以轻易地引导我们的思想，但是我们仍然会忘记一些原本知道的事情。那天结束的时候，我躺在床上望着天花板。这时，我想起了冥想练习。我把膝盖曲起来，手放在肚子上摆成一颗钻石的形状，然后做了五次缓慢而深长的呼吸。做完深呼吸后，我在脑海中仔细设想了每天的行程安排，然后尽可能对这周的繁忙行程倾注热情。我想象每一天都会过得完美而顺利。然后又做了一组练习，之后就沉沉地进入了梦乡。

许多人听到冥想，脑海中就会出现一个人摆出极度扭曲的姿势，静静地在地板上打坐 45 分钟的画面。而在我研习冥想的时候，领悟到的是缓慢的深呼吸才能获得内心的平静。即使只是一次缓慢、深长的呼吸，也能够达到精神集中的效果。

在本书的末尾，我会推荐一些书目，其中包括美千子所著的《心理健康》。这本书里面介绍的许多冥想方法都简单可行。

所以，请记住，当你决定向脸部注射非天然的针剂之前，先积极地探索一下自己的内心吧！专注自己的思想、身体以及灵魂。每天睡觉之前，只需要短短的几分钟，只要你主动与心灵对话，就会发现许多意想不到的惊喜。

后　记

不知道从什么时候起，肉毒杆菌俨然成了时尚的代表。我发现有不少女性朋友受到来自同龄人或者好朋友的压力，去注射这种面部填充剂。也是从那时候起，我产生了写一本杜绝这种做法的书。许多人都认为注射脸部填充剂是一件时髦、性感的事。我听到身边同龄人无数次地高谈阔论，夸张地赞叹着这项新千年出现的新事物。记得在 37 岁的时候，我在报纸专栏上专门讨论了这种潮流，内容就是权衡是否应当注射肉毒杆菌，以及就“我的祖母会怎么看打肉毒杆菌这回事？”进行探讨。还提出了内心的疑问：难道因为已经快 40 岁了，所以我就应该注射肉毒杆菌吗？

也许因为早年拍摄商业广告的经历，我清楚地知道这些只是一种营销手段，诱惑渴望保持青春的消费者们花费更多的金钱，进而给大公司、整容医院和医生创收。本书并不反对消除面部缺陷的修复性外科手术。本书的目的是鼓励你调整步伐，走向“充满心灵力量的人生”，同时拥抱自然美，保持真实的自我。

对于追求外在美和快乐心情的观点，我完全同意。而我不敢苟同的行为是注射一种填充剂来改变脸部的天然结构。这样做虽然使自己看上去更年轻，但却有可能将健康置于危险的境地。

我对注射脸部填充物持反对态度，它们会使脸部肌肉僵住，看上去都不像原来的自己了。而且，它还会造成同理心的丧失。你想要这样的结果吗？这些都是需要考虑的重要因素。

有些人把注射肉毒杆菌作为一种消除皱纹、抵抗衰老的手段，我希望这本书能够帮助他们恢复理智。我希望这本书能让女性突破思维局限，深入探索自己的内在心灵，了解心灵的真正需求。而不要通过注射手段把自己的脸整成表情空洞的“芭比娃娃”。

在写作本书的过程中，我周围很多熟人对此表达了嘲笑的态度。有必要这样吗？如果她们有权利选择打肉毒杆菌，那么，我也照样有权利选择反对它。在这点上，我绝不是一个人。事实上，凯特·温丝莱特、蕾切尔·薇姿以及艾玛·汤普森三位极具影响力的女明星组成了“英国反整容手术联盟”，目的就是希望帮助女性拥抱自然美，接受最真实的自我。

我在本书中给出了一些简单可行的建议，能够有效对抗压力并保持健康。千万不要相信《人物》杂志上整整两页的肉毒杆菌广告。如果你碰巧看到过这个广告，那么同时应该也看到了相关副作用的免责声明。

道理并不难理解。衰老是一个自然过程，从某种意义上来说也是一种福气。我的一个好朋友 37 岁就因罹患胰腺癌突然去世。所以我想对你说，脸上的皱纹根本算不上你面临的最大问题。

也许你不知道，即使每年都多次注射肉毒杆菌，你的脸上仍然会长皱纹，甚至可能比没接受注射的人更严重。因此，如果你能避免打肉毒杆菌的话，那就尽量不打。可以先试试其他的方法，尤其是更自然的方法。比如每天擦防晒霜，每天睡前彻底清洁脸部，还有永远都要卸完妆再睡觉等。

我推荐的护肤产品都是生活中常见的产品。这些产品和那些价格动辄上千美元的高端品牌产品的成分相似。所以，在经济不景气的当下，还是看紧自己的钱包。花费上千美元注射肉毒杆菌维持肌肤的年轻状态，却只能维持短期的效果，这可算不上是正确的保养方法，你说对吧？难道大家都可以坦然接受肉毒杆菌是一种毒素的现实吗？在做这些整容决定之前，一定问问自己的内心，事先多做点调查。想想这种方法的有效期，问问自己这个花费我上千美元的针剂能持续多久年轻状态？几个月？皮肤吸收之后会出现怎样的结果？

在 30 岁中旬的时候，我在加州做广告销售。我最欣赏的一位客户就经营着一间医疗美容院。我和这位客户关系还不错，但是我仍然很避讳与他交谈。因为我们的话题总是不可避免地谈到肉毒杆菌，我又不好直接拒绝，因此谈话总在这个问题上卡壳。

“你为什么不试着打一针肉毒杆菌？你知道它能抗衰老，对吧？你现在多大年纪了？”

“37。”

“那你还等什么？”

“没关系的，我可以控制面部表情。你知道，我以前做过演员，控制面部表情是基本技能。如果演员表情过于丰富的话，拍特写镜头的时候摄像机会爆炸。”

他听到这句话往往会哈哈大笑。在他的眼中，也许我有点古怪，而且十有八九他认为我跟不上时代。他是我的客户，所以我不可能对他说自己的真实想法。我不会在脸上注射会产生副作用的毒素，我的祖母不会同意我这样做，而且我认为不论肉毒素以任何形态存在，都不属于我的身体。或许有人认为我经济能力不足，所以不愿意注射肉毒杆菌。我绝对花得起这个钱，但我就是不想打。就这样而已。

那是几年前的事了，现在我快 42 岁了，这个月就过生日。即使 45 岁的脚步日益临近，我也依然没有感觉到一丝不同。如果非要说有什么不同的话，那就是我反对肉毒杆菌的立场更加坚定了。我厌倦了晚间新闻中间插播的整容广告，不喜欢德比 · 布恩[1]重复着同样的话鼓励观众去做迷你除皱手术。我厌倦了肉毒杆菌拥护者夸张地宣传自己根本没做过调查的东西。这些拥趸者根本没有经过深思熟虑就争先恐后地去打针，异想天开地认为那是好东西。他们完全没有想过 5 年后肉毒杆菌会对肌肉、皮肤产生什么样的影响。即使 5 年内没有出现任何异常症状，那么 10 年、30 年后呢？三思而后行吧！

如果你关爱自己的心灵、精神和身体，任何年龄你都可以感到青春洋溢。问问索菲娅 · 罗兰[2]吧，她在 2012 年圣诞节前夕走过红毯，那晚她可是魅力四射，夺走了许多年轻女演员的风头。所有人都想知道她是如何保养的，竟然能令自己如此美丽。她的秘诀究竟是什么？她施展了什么魔法？其实，索菲娅 · 罗兰的秘诀很简单，就是两个字——自信。她从不认为自己需要整容，而是相信自己足够美丽，相信自己足够有魅力，于是这种自信由内而外散发出来，为她增添了风采。我希望有一天自己也能像她一样，不过前提是我能有福气活到那个年纪。拥抱自然的真我、对真实年龄感到自信，这两点是我内心所向。

当我还是个年轻模特的时候，目标是保持身材、睡眠充足、用自

---

[1] 美国歌手。

[2] 意大利女演员。

然的方法保养肌肤。当时受到的教导伴随了我一生，使我受益良多。如果当初我没有踏上模特之路，也许如今就不会如此坚定地维护自己的信仰。

如何审视自己的外表和内在

☑ 我为自己做了什么？

☑ 我遵守日程表的安排了吗？我能保证自己睡眠充足吗？

☑ 为了不失去自我，我有安排时间滋养心灵吗？

☑ 我知道能带给我真正快乐的东西是什么吗？

☑ 我喜欢自己的风格吗？

☑ 我有目标吗？

☑ 我对内心的真实自我足够关注吗？

☑ 我有没有每天努力改善心情和生活，不再为额头上的抬头纹闷闷不乐呢？

人生有着很深的含义。人生就是挖掘自己内心最深处的想法和愿望，然后将它们在现实世界实现的过程。

如果你的人生套着沉重的年龄枷锁，那么就注定失败。回顾一下本书的健康部分，我与帕特里夏·布拉戈博士的访谈内容。她的态度、美丽和健康吹奏出一曲和谐的乐章，而且她看起来美极了。如果你感觉自己内心不够和谐，那么应该停止沉浸在对皱纹的纠结中。如果你总是对年龄增长感到巨大的压力，那么除了带给你更多压力长出更多皱纹以外，根本不能解决任何问题。

让年龄停止增长的唯一办法就是死亡。因此，用一种更现实的眼光拥抱人的衰老过程吧。正如电影《日落大道》中的那句经典台词：“年过五十并不是一场悲剧。悲剧的是，你还当自己二十五。”

我在人生某个阶段也曾经感到过年龄带来的恐慌。你知道的，我提到过自己由模特到演员，再到一个女人的心路历程。现在我回望过去，真希望能对年轻的我说：“淡定点！”

人生充满了神奇的奥秘，我们可以用自己的思想和态度来创造。永远都不要谎报年龄，永远都不要靠整容来恢复年轻状态。

真实对待自己的心灵，可以让你的容貌和心情都大放光彩。

我在心灵、健康、美丽三部分给出了不少建议，也许有一些你在自己的人生路中也有所感悟。即便如此，还是要时常问问自己：你会为自己的需求安排时间吗？你每天开心吗？你将健康放在首位吗？你会主动关怀内心的真实自我，让她更加稳重和清醒吗？

不要让年龄这种小事破坏了你的自信。我最喜欢苏珊娜 · 萨默斯曾经说过的一句台词：“你也许不是房间里最年轻的人，但却可以是最性感的。”

因此，再也不要害怕过生日。诚实面对你的年龄。每年都快快乐乐地庆祝生日，不要躲在一个虚假的数字背后。不要因为有了皱纹就觉得自己面目丑陋。最重要的是，拥抱自我，每天为自己创造点小快乐。一句话概括，就是做你自己！

做真实的自己

做回那个年轻时无忧无虑的女人，将藏在心里的那个小女孩释放出来。没必要在岁月面前拱手认输。没必要停止追求最美好，将自己的魅力从内而外散发出来。

我希望你能站在一个全新的角度来看待 40 岁，能够在那一天来临的时候快乐地开启中年的旅途。要有自信，随着时间的推移展现出你的勇气、态度和风格。和朋友们一起开开玩笑，享受欢乐。还有，记住那“三件重要的事”。要有梦想，要将梦想具体化，要走到人生舞台的中央，成为自己梦想中的明星。

不要以为自己不再 18 岁，不再年轻了，就看轻自己甚至降低自我价值。每天都要尽力创造自己的欢乐瞬间，敢于享受快乐。每天都向你想成为的那个人靠近，脚踏实地，一步一步达到目标。我想大声宣告，做个“中年美人”是迄今为止我人生中最美好的篇章。同时，我也很期待下一个十年，下一个二十年。年龄增长是自然规律，没有什么好畏惧的，重要的是时刻富有创新意识，为了目标努力奋斗的恒心。

人生有时是很短暂的，一眨眼就过去了。所以不要总是等待明天。现在就行动起来。探索自己的心灵。勇敢一点，挖掘出深藏于自己内心的珍贵宝藏。编织更多的梦想，突破自己的思维局限。还有什么呢？别忘了和女友们好好享受午餐。尽情地设想一个最好的自己，然后努力达成目标。相信自己，你的美丽是自内而外的。

图书在版编目（CIP）数据

逆龄养颜术：我最想要的美肌能量书 /（美）沙尔著；覃娟译.
— 北京：北京联合出版公司，2015.6（2019.4重印）
ISBN 978-7-5502-5087-1

Ⅰ. ①逆… Ⅱ. ①沙… ②覃… Ⅲ. ①美容－基本知识
Ⅳ. ①TS974.1

中国版本图书馆CIP数据核字(2015)第080317号
著作权合同登记　图字：01-2015-2145

MIDDLE AGE BEAUTY
By Machel Shull

逆龄养颜术：我最想要的美肌能量书

出版统筹：新华先锋
责任编辑：李艳芬　王　巍
特约编辑：王若琼
封面设计：吴黛君
版式设计：杨祎妹

北京联合出版公司出版
（北京市西城区德外大街83号楼9层 100088）
大厂回族自治县德诚印务有限公司印刷　新华书店经销
字数160千字　620毫米×889毫米　1/16　14印张
2019年4月第2版　2019年4月第3次印刷
ISBN 978-7-5502-5087-1
定价：59.00元
